한강, 1300리
길을걷다.

한강,
1,300리 길을 걷다.

펴 낸 날 2018년 07월 30일

지 은 이 한봉암
펴 낸 이 최지숙
편집주간 이기성
편집팀장 이윤숙
기획편집 정은지, 이민선, 최유윤
표지디자인 정은지
책임마케팅 임용섭
펴 낸 곳 도서출판 생각나눔
출판등록 제 2008-000008호
주 소 서울 마포구 동교로 18길 41, 한경빌딩 2층
전 화 02-325-5100
팩 스 02-325-5101
홈페이지 www.생각나눔.kr
이 메 일 bookmain@think-book.com

• 책값은 표지 뒷면에 표기되어 있습니다.
  ISBN 978-89-6489-877-2 03980

• 이 도서의 국립중앙도서관 출판 시 도서목록(CIP)은 서지정보유통·지원시스템 홈페이지
  (http://seoji.nl.go.kr)와 국가자료공동목록시스템(http://ww w.nl.go.kr/kolisnet)에서
  이용하실 수 있습니다.(CIP제어번호: CIP 2018022290).

한봉암 에세이

한강, 1300리 길을걷다.

생각나눔

| 목차 |

추천의 글

문학평론가

박인수

어느 날, 오랫동안 친분을 가진 형님에게서 점심을 같이 먹자는 전화가 왔다. 식당에서 만난 형님은 편지지에 자필로 정성스럽게 쓴 원고를 내밀며, 2년여에 걸쳐 1,300리 한강의 물길을 따라 한강을 답파했다고 했다. 한강길을 걸으며 쓴 글과 갈림길을 표시해둔 원고를 보니 형님의 열정과 의지가 느껴져서 감탄이 절로 나왔다. 형님은 1,300리 길의 여정을 책으로 남기고 싶다고 하시며 이 글이 책으로 가능한지를 물으셨다. 한강을 답파했다는 것만으로도 책이 될 수 있을 것 같다고 말씀드렸더니 형님은 책을 출판할 수 있도록 도와달라고 했다.

요즘처럼 구글 지도나 네이버 지도가 발달한 시대에 그냥 길을 안내하는 내용만 가지고는 의미가 없을 것 같아서, 책으로 내고 싶으시다면 한강길을 걸으면서 머물렀던 수많은 장소에 담긴 문화와 역사를 보며 느낀 형님의 생각과 깨달음을 써야 할 것 같다고 했다.

그 후 형님과 함께 시간이 될 때마다 차를 가지고 형님이 걸은 한강길을 샅샅이 답사했다. 그리고 형님과 같이 다니면서 형님이 걸었을 때 보고 느꼈던 것들에 대해서 많은 얘기를 나누고, 함께 고민하면서 형님 의도를 담아 책을 보완했다.

봉암 형님이 2년이라는 시간 동안 한강길을 걸었던 그 열정과 용기에 진심 어린 박수를 보낸다. 그리고 가양대교부터 한강길을 아빠와 함께 걸은 송희에게도 큰 박수를 보낸다.

이 책을 읽은 사람들에게 봉암 형님처럼 용기를 낸다면 자신들도 무엇인가를 이룰 수 있겠구나 하는 용기와 희망을 주기를 진심으로 바라면서 이 책을 추천한다.

형님이 예전에 식당을 할 때 벽에 게시해 두었던 졸시로 태백산의 들꽃 같이 살아온 형님의 삶과 열정을 대신하려 한다.

태백산의 들꽃이 되어

박인수

태백산의 이름 없는
들꽃이 되어
이 세상을 살다 가고 싶다.

왜 여기 피었는지
무엇을 하려 하는지
밝히지 않아도 좋은,
다만
내게 허락된 만큼의
햇빛만 누리며 살다가

어느 계절의 한끝에서
말없이
푸름 속을 떠나는
그런 들꽃이 되어 살다 가고 싶다.

책을 내며

한봉암

"혼자 걸을 때 당신은 무슨 생각을 하며, 또 얼마나 많은 생각을 하며 걷느냐?"라고 주위에서 이야기하는 분들이 있는데, 사실은 아무런 생각이 없이 걷는 경우가 더 많다. 또한, 걷는 동안 어떠한 문제에 대해서 생각을 좀 해야지 하고 마음먹지만, 5분도 안 되어서 그런 생각을 했다는 것 자체도 잊어버리고, 아무런 생각 없이 걷는 경우가 더 많았다.

오로지 길만 보였고, 나는 이것이 좋아서 걷게 되었다.

걷기를 시작한 것은 '한강길 걷기'가 처음이 아니었다. '해파랑길 걷기'를 먼저 시작했다. 해파랑길은 대한민국에서 가장 긴 최장 트레일 거리이다. 총 길이는 770km인데 대략 1,925리의 길이다. 이것저것 거쳐서 걷다 보면 거의 2,000리가 되는 길이다. 오륙도가 보이는 오륙도 해맞이공원에서부터 고성의 통일전망대까지 해안가로 이루어진 길이다. 이 길은 동해안의 상징인 '태양과 걷는 사색의 길'로 50개의 구간으로 나누어서 걷게 되어 있는 길이다.

태백에서 어릴 적부터 함께 자란 죽마고우들과 60살이 되던 해에 술좌석을 가진 일이 있었다. 그날 얘기는 자연스럽게 "인생 뭐 있나?" 하면서 아무것도 해놓은 것 없는 우리 삶에 대한 돌아봄이 주된 화제였다. 그러다가 뭔가 보람 있는 일을 함께 해보자는 얘기가 나왔고, 그러면서 함께 무엇인가 목표를 잡고 그것을 제대로 이루어 보자는 것으로 진행되었다. 우리나라 최장의 트레일 거리인 해파랑길을 완주해보자는 얘기가 나와서 모두 그렇게 해보자고 했다. 몇 년이 걸리더라도 분기별로 1년에 네 번씩 2박 3일을 계획해서 함께 걸어보자는 것으로 의기투합했다. 그러면서 친구들과 함께 해파랑길을 걷게 되었다. 밤에는 우리들 삶을 얘기하며 참 좋은 시간을 보냈다. 걷는 것이 참 좋다는 생각이 들면서 틈틈이 혼자서 걸을 수 있는 길이 없을까 고민하던 중에 한강길 걷기를 생각하게 되었다.

1년에 네 번은 친구들과 함께 해파랑길을 걷고, 틈이 생기는 주말이나 휴일에는 한강길을 혼자서 걷기로 했다. 마침 한강 발원지가 태백의 검룡소이기에 그런 생각을 했던 것이다. 친구들과 걸은 해파랑길과 혼자서 걸은 한강길은 확연히 서로 다른 느낌으로 와 닿았다. 친구들과 함께 걷는 길은 즐거움과 우정이 깃든 길이었고, 혼자서 걷는 길은 사색과 삶이 깃든 길이었다. 친구들과 함께 걸을 때는 동심으로 돌아가 웃고 떠들고 장난치면서 걸었다. 그리고 함께 걸었기에 제대로 맛있는 음식을 먹었고, 저녁에는 좋은 안주를 놓고 제대로 술을 마셨다. 하지만 혼자 걸을 때는 아무 말 없이 그냥 경치만 보면서 묵묵히 걸었다. 맛있는 음식보다는 간편한 음식으로 때우는 경우가 더 많았다. 저녁에도 제대로 된 안주보다는 혼자 먹는 식사와 더불어 반주로 마시는 경우가 더 많았다. 하지만 어느 것이 더 나았다고 할 수는 없는 길이어서 두 길 모두 행복했고 보람이 있는 길이었다.

친구들과 해파랑길을 걷는 것은 2014년 4월 18일 금요일에 시작해서 2016년 11월 12일에 대장정의 막을 내렸다. 오륙도가 보이는 오륙도 해맞이공원에서 친구들과 나는 무엇인가 해냈다는 감격에 겨워서 서로를 부둥켜안으며 격려를 했다. 그날의 감격은 지금도 잊을 수 없다.

　한강길은 2014년 11월 1일에 황지연못에서 첫걸음을 시작해서 2016
년 5월 26일 서해 인천 갑문에서 그 끝을 장식했다. 그날 서해 인천 갑
문에서 나는 두 팔을 번쩍 들고 나 자신에게 만세를 불러주었다. 한강길
을 답파한 것은 죽는 날까지 잊을 수 없는 자랑스러운 추억이 되었다.

　해파랑길과 한강길, 이 두 개의 길을 답파한 것은 내 인생에서 가
장 자랑스러운 일로 기억될 것이다.

　한강길을 충실히 걸어보자는 마음을 새기면서 물길 따라 걷다 보
면 강을 옆에 끼고 도는 가파른 산 능선을 타게 되고, 길이 없는 곳에

서는 몇 시간을 헤매기도 했다. 온종일 인적이 없는 곳으로 걸어야만 하는 고생도 마다치 않은 고독한 길이었다. 하지만 나를 믿고 모든 것을 양보하고 이해해준 가족이 있었기에 그 길을 완주할 수가 있었다.

한강에 도달해서 마무리길을 함께 걸어준 내 딸 송희와 서울에서 따뜻한 밥을 지어서 한강길을 마무리할 수 있도록 격려해준 어머님께 진심 어린 감사의 마음을 전한다.

그리고 이 책을 발간할 수 있도록 용기를 주고, 이 책을 쓰는 데 결정적으로 도움을 주신 박인수 선생에게 진심 어린 감사의 말씀을 전한다. 무엇보다 이 길을 완주하는 데 큰 용기를 주고, 물심양면으로 응원을 해준 나의 아내에게 또한 깊은 감사를 드린다.

유리다리에서 내려다 본 동강 ▲

프롤로그

📝 한강길 걷기

한강 발원지인 태백의 검룡소에서 한강이 바다와 만나게 되는 인천 서해갑문까지 걸었던 경험을 바탕으로, 한강 물줄기를 따라 걷고자 하는 사람들에게 조금이나마 도움을 주고 싶은 마음에서 이 글을 쓰게 되었다. 지도에 나오지 않은 길들도 있고, 또 어떤 길은 한강을 따라 걷기가 어려운 길도 있어서 그런 길에 대한 안내도 하고자 한다. 특히, 그날그날 적당히 걸을 수 있는 양도 알려주고자 하고, 식사 시간 및 숙박에 대한 정보도 제공하려고 한다. 또 어떤 부분에서는 무리하게 걸어서는 안 되는 곳도 있고, 또 어떤 구간은 위험할 수도 있다는 것을 알려주며, 또 어떤 부분에서는 특정한 유적지에 들르거나 아름다운 경치를 보기 위해 둘러봐야 할 곳도 있음을 알려주고자 한다. 무엇보다도 이 책자를 보면서 한강을 완주해 보고 싶거나 어떤 특정한 구간을 걸어보고자 하는 분들에게 도전할 수 있는 용기를 북돋워 주려고 하는 것이 가장 큰 뜻이라고 하겠다.

한강길 걷기는 태백의 검룡소에서부터 임진강과 만나서 바다와 만나는 월곶면 보구곶리까지 걷는 것을 말하거나 혹은 경인아라뱃길을 따라서 인천 정서진에 있는 서해갑문까지 걷는 것을 말한다. 하지만 월곶면 보구곶리까지는 군사분계선과 연결되어 있어서 어려움이 있었기에 경인아라뱃길을 따라 인천 정서진 서해갑문까지 걷는 것으로 정했다.

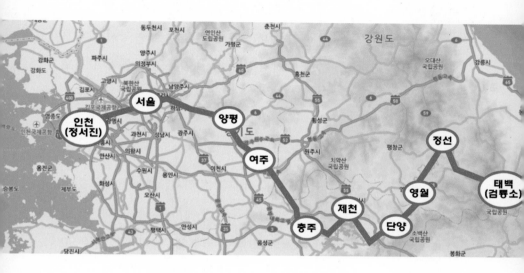

🌀 한강의 길이 및 발원지와 합류천

한강 본류의 길이는 514㎞로 우리나라에서 압록강, 두만강, 낙동강 다음으로 네 번째로 길고, 유역 면적은 26,219㎢로 압록강과 두만강 다음으로 넓다.

강원도 금강산 부근에서 발원한 북한강은 남류하면서 금강천, 수입천, 화천천과 합류하고, 춘천에서 소양강과 합류한 뒤에 다시 남서로 흘러 가평천, 홍천강, 조종천과 합친 다음, 경기도 양평군 양서면 양수리에서 남한강과 합류한다.

강원도 태백시 창죽동 대덕산 검룡소(儉龍沼)에서 발원한 남한강은 남류하면서 평창강, 주천강을 합하여 단양을 지나면서 북서로 흘러 달천, 섬강, 청미천, 흑천과 합친 뒤 양수리에서 북한강과 합류한다.

양수리에서 북한강과 남한강을 합류한 한강은 계속 북서 방향으로 흐르면서 왕숙천, 중랑천, 안양천 등의 소지류와 합류하여 김포평야를 지난 뒤 서해로 들어간다.

🔍 한강(漢江) 이름의 유래

『한서(漢書) 지리지』에는 한강을 대수(帶水)라 했는데, 이것은 한반도의 중간을 가르는 띠 모양의 강이라는 뜻에서 유래되었다. 또 광개토왕릉비에는 아리수(阿利水)라고 되어 있는데, '아리', 즉 '알'은 고대에 '크다'나 '신성하다'는 의미로 쓰여서 큰 강 혹은 신성한 강이라는 뜻에서 유래된 것이다. 『삼국사기』의 백제건국설화에는 한수(寒水)로 되어 있는데, 이것은 '하다(크다)'라는 순우리말을 한자로 옮기는 과정에서 음차를 한 말로서 큰 강이라는 뜻으로 해석할 수 있다.

한강의 명칭에 '한(漢)'이라는 글자를 쓴 것은 중국 문화를 도입한 이후의 일이다. '크다'라는 뜻을 한자로 음차한 것도 있지만, '漢'은 중국을 뜻하는 말로서, 중국 쪽을 향해서 흐르는 강이라는 뜻에서 유래되었다. 지금의 한강(漢江)이라는 명칭을 쓴 것은 유교를 중시하는 시대에 특히 강조된 이름으로서 중국과 연관되었다고 볼 수가 있다. 한양(漢陽)이라는 말의 어원을 살펴보면 '양(陽)'은 풍수지리에서 '수지북(水之北)'을 뜻하는 말인데, '한수지북(漢水之北)'은 '한강의 북쪽'이라는 뜻으로 '한양(漢陽)'이 되었다. 이처럼 '한강(漢江)'이라는 이름은 '큰 강'이라는 우리말을 음차한 말로서, 훗날 유교적 영향으로 중국을 염두에 두고서 만들어진 말임을 알 수 있다.

한반도 중앙부의 평야 지대를 흐르는 한강 하류 지역은 고대부터 문화 발달의 터전이었으며, 삼국시대에는 쟁패의 요지였다. 특히, 조선이 한성(漢城)에 도읍을 정한 이래 한강은 교통로로서의 중요성이 커져 마치 인체의 핏줄과 같은 구실을 하여 왔기에 대수(帶水) 또는 아리수(阿利水) 혹은 한수(寒水)라 불리었고, 지금의 한강(漢江)에까지 이른 것이다.

1일차
태백 황지연못~사조동

🖋️ 황지연못에서 시작하다

한강길 걷기의 출발은 태백 시내에 있는 황지연못 공원의 낙동강 발원지에서 시작해서 함백산 자락의 금대봉에 있는 한강 발원지인 검룡소로 가서 그곳에서 출발하는 것으로 정했다. 태백은 우리나라에서 매우 중요한 의미를 지닌 도시이기 때문에 그렇게 시작했다. 태백은 우리나라 건국의 정기를 담고 있는 태백산이 있는 시원(始原)의 도시로서 유명하다. 태백산은 산 정상에 있는 천제단으로 가는 여러 개의 등산로 중의 하나인 당골 방면으로 가는 태백산 입구에 단군을 모시고 매일 제사를 지내는 단군성전도 있고, 개천절에 단군에게 천제를 지내는 천제단도 있는 곳으로서, 매우 신성한 산으로 일컬어지고 있다. 동시에 태백산은 우리나라에서 유일하게 왕(단종)을 산신령으로 모시고 있는 산이기 때문에 우리나라 산 중에서 가장 으뜸이 되는 산이라고 한다. 태백(太白)이라는 뜻이 우리말로는 '한밝'으로서 크게 밝음을 연 곳, 즉 개천(開川)의 의미를 담은 것이기에 백두산도 태백이라는 이름으로 불릴 정도로 태백은 큰 의미를 담은 말이다. 이런 태백산을 도시 가운데에 품고 있는 태백은 남해로 흘러가는 낙동강과 서해로 흘러가는 한강과 동해로 흘러가는 오십천의 발원지가 있는 곳으로서 우리나라뿐만 아니라 세계에서도 아주 드문 시원(始原)의 도시가 아닐 수 없다. 세 곳의 다른 바다로 흘러가는 발원지가 있는 곳은 우리나라에서는 유일한 곳이고, 세계에서도 그 유래를 찾아볼 수가 없는 신비한 곳이라고 한다. 그래서 그 세 곳의 발원지를 모두 거쳐 가며 한강의 시작점인 검룡소로 찾아가서 한강길을 걷는다면 그 의미가 남다를 수 있으리라 믿기에 낙동강 발원지인 황지연못에서부터 출발했다.

낙동강 1,300리의 시작점인 황지(黃池)는 태백의 중심지인 황지의 지명이 될 정도로 중요한 곳이다. 지금은 작은 연못을 이루고 있지만, 예전 1970년대까지는 삼척군 장성읍 황지리였을 때 황지의 사람

들이 모두 황지연못의 물을 길어서 먹을 정도로 수량이 풍부한 큰 연못이었다. 지금은 광동댐이 세워져서 광동댐의 물을 상수원으로 사용하고 있기에, 황지연못은 낙동강 발원지라는 상징적 의미를 새기는 관광지로서의 역할만 하고 있다.

하지만 황지연못은 우리나라 모든 국어교과서에 실릴 정도로 유명한 전설을 담고 있는 유서 깊은 곳이기도 하다. 옛날 옛적에 황씨 성을 가진 황 부자라는 사람이 지금의 황지연못이 있는 터에 큰 기와집을 짓고 살았다고 한다. 이 황 부자는 욕심이 많았고 무엇보다 놀부에 비견될 정도로 심술궂은 사람이었다고 한다. 하지만 전설의 줄거리에 확실한 복선이 깔렸듯이, 이렇게 심술궂은 황 부자에게는 착한 며느리가 있었다고 한다. 어느 날 이곳을 지나던 어떤 스님이 황 부잣집에 와서 시주를 청했지만, 황 부자는 시주는커녕, 오히려 스님의 시주 바가지에 쇠똥을 한 바가지 퍼 담아 주었다고 한다. 스님은 말없이 그 쇠똥을 버리고 돌아서려고 하는데 착한 며느리가 쌀을 자루에 담아 가지고 와서는 스님에게 사죄의 말과 함께 시아버지 몰래 건네주었다고 한다. 그러자 스님은 며느리를 보고 지금 당장 아들을 업고 이 집을 떠나라고 하면서 뒤에서 어떤 소리가 들리더라도 뒤돌아봐서는 안 된다고 했다. 며느리는 스님의 말을 듣고는 아들을 업고 급히 그 집을 떠나는데, 그 집에서 키우던 누렁이도 이 며느리 모자를 따라나서게 되었다. 며느리가 지금의 통리고개를 지날 즈음에 갑자기 벼락이 치는 소리가 나서 며느리는 그만 뒤를 돌아보고 말았는데, 황 부자의 집에 벼락이 쳐서 황 부자의 집이 그냥 함몰되는 중이었다고 한다. 뒤돌아본 며느리 모자는 그 자리에서 그만 돌이 되었고, 그 옆을 따르던 누렁이도 돌이 되었다고 한다. 황 부자의 집은 벼락을 맞고 함몰되어 그 집터에는 큰 연못이 생겼는데, 그 연못이 황 부자의 성을 딴 황(黃) 자와 못 지(池) 자를 써서 황지(黃池)라고 불리게 되었다. 황지연못 가운데는 벼락을 맞은 나무가 있어서 그 전설이 진짜처럼 느껴지게 되었고, 통리고개에는 안타까운 며느리 모자와 누렁이의 모습을 닮은 바위가 남아 있어서 황지연못 전설은 더더욱 진짜처럼 전해 내려오고 있다. 황지연못은 이렇게 슬픈 전설을 담고 1,300리 낙동강의 발원지가 되어 안동과 상주를 거쳐서 김해평야와 철새들의 천국이라 불리는 울숙도를 지나 남해로 흘러가서 남한에서 가장 긴 강의 원류(源流)로 남게 되었다.

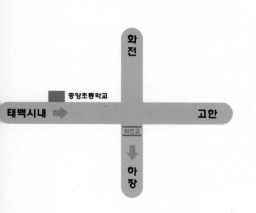

2014년 11월 1일, 황지연못 공원에서 오전 8시에 한강길 걷기를 시작했다. 황지연못에서 출발해서 시내를 거쳐서 태백역 앞 사거리에서 우측으로 틀어서 우회도로 쪽으로 들어서서 서쪽 고한 사북 방향으로 향했다. 황지중앙초등학교와 태서초등학교를 지나 절골물이 흘러내려 오는 다리를 건너서 조금 더 가면 화전사거리가 나온다.

사거리에서 직진하면 고한 사북으로 가는 길이고, 오른쪽 길을 건너서 가면 하장 강릉 방면으로 가는 길이다. 화전사거리에서 길을 건너서 하장, 강릉 방면으로 표시된 길을 따라 오른편 다리를 건넜다. 그곳에서 30분 정도 걷다가 오른쪽에 있는 고갈두식당을 지나서 오른쪽 골짜기로 들어가는 길이 보였다. 오른쪽으로 들어가는 곳은 여름에 해바라기축제가 열리는 '구와우'라는 곳이다. '구와우(九臥牛)'라는 마을 이름은 이 지역의 지형이 아홉 마리의 소가 누워 있는 모습이어서 붙여졌다고 한다. 약 16만㎡의 산 구릉에 100만 송이의 해바라기가 피는 해바라기축제는 해바라기가 만발하는 여름에 산이 노랗게 물드는 형상을 이루어 볼만한 경치를 만든다. 원래는 해발 850m인 이곳 구와우 마을에 고원자생식물원을 만들어서 매년 8월에 해바라기축제를 여는데, 지금은 널리 알려져서 많은 사람들이 찾고 있는 명소가 되었다. 구와우 마을 입구를 지나 200m쯤 가서 오른쪽에 수자원 공사가 보이는 언덕길을 따라 걸으면 태백과 하장의 경계지역인 삼수령(일명 피재)이라는 재가 나온다. 지금은 삼수령을 거치지 않고 터널로 가는 길이 생겼지만, 그 터널 쪽으로 가지 않고 왼편 옛길을 따라 5분만 더 가서 삼수령 휴게소가 있는 곳으로 올라갔다. 삼수령은 반드시 거쳐야 할 가치가 있었기 때문이었다.

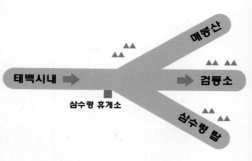

삼수령 휴게소에서 보면 세 갈래 길이 있는데, 왼쪽 길은 태백의 또 하나의 명소인 고랭지 채소밭이 있는 매봉산으로 가는 길이다. 이곳은 과거에 미군 미사일 기지로 쓰이기도 하였으나, 지금은 고랭지 채소밭으로 유명하다. 시간의 여유를 갖고 걷는 분들에게는 광대한 배추밭과 여러 개의 풍력발전기가 있는 '바람의 언덕'이라는 곳까지 구경하는 것도 괜찮을 듯하다. 바람의 언덕을 가고자 하면 세 시간 정도 시간을 더 쓰면 충분히 구경하고 나올 수가 있는데, 여름이면 시에서 제공하는 셔틀버스를 타고 올라갈 수도 있다.

세 갈래 길에서 오른쪽 적각 방향으로 들어서서 15m 정도 가면 삼수령 탑이 나온다. 삼수령 탑은 상징적 의미가 큰 곳이어서 태백을 거치는 사람은 반드시 들러서 그 의미를 새겨볼 만한 곳이다. 이곳 삼수령 꼭짓점에서는 물이 세 갈래로 흐르는데, 첫 번째는 한강의 원류가 되는 곳으로 서쪽으로 흘러가고, 두 번째는 남쪽으로 흘러 낙동강의 원류가 되고, 세 번째는 동쪽으로 흘러 오십천의 원류가 되어 삼척을 거쳐 동해로 흘러간다. 이렇게 세 갈래 물의 원류가 시작되는 곳이라 해서 이곳을 삼수령(三水嶺)이라고 부른다고 하고, 그곳에 상징적으로 탑을 세워놓은 것이다.

이 삼수령(피재)은 백두대간의 중간 허리쯤 되는 곳이다. 삼수령의 세 갈래 길에서 그대로 직진하여 1시간 정도 걸으면 왼편에 '한강의 발원지 검룡소'라는 큰 간판이 나온다. 삼거리에서 왼편 다리를 건너 한 시간 정도 걸으면 오른편에 송어양식장이 나오고, 10분 정도 더 걸으면 검룡소 주차장이 나온다.

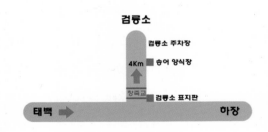

검룡소 주차장을 지나 숲길을 15분 정도 가면 안내소가 나오는데, 안내소 오른쪽은 분주령과 야생화 군락지인 금대봉, 대덕산으로 가는 길이다. 분주령과 대덕산은 하루에 탐방객을 300명밖에 받지 않는 곳으로서, 야생화가 한창 피는 계절에는 예약을 하고 가야 하는

보호구역이다. 왼쪽이 검룡소로 가는 길인데 안내소에서 15분 정도 걸으면 검룡소에 도착할 수 있다.

　검룡소(儉龍沼)는 큰 바위 밑에서 물이 솟아 나오는데, 하루에 2,000여 톤의 물이 용출하고 항상 섭씨 9도를 유지하는 곳으로서, 그 모습은 밑이 보이지 않는 작은 연못이다. 예전에는 그곳의 물도 떠먹을 수가 있었고, 바위 밑을 들여다보면서 검룡소의 깊이도 가늠 해 보았던 곳인데, 지금은 그 안을 들여다볼 수 없도록 나무 데크로 만들어 놓은 곳 위에서 내려다보게 보호해 놓았다. 그 물이 솟아나 서 내려가는 바위 위로 흘러가는 모습이 용이 승천하는 모습이라고 해서 검룡소라고 한다. 전설에 의하면 서해에 살던 이무기가 용이 되

려고 강줄기를 거슬러 올라와 이 소 (沼)에 들어가기 위해 몸부림친 흔적 이 검룡소 아래쪽 폭포를 이루었다고 한다. 이무기는 검룡소 주변에 머물면 서 용이 되려고 기회를 엿보고 있다 가, 그 주변으로 풀을 뜯다가 물 먹으 러 오는 소를 잡아먹기도 해 동네 사람들이 이 소(沼)를 메웠다고 전 해진다. 1986년 태백문화원에서 메워진 연못을 복원해서 현재의 검 룡소를 만들었다고 안내문에 적혀 있었다.

한강 발원지는 조선 시대 이래 오랫동안 오대산이 그 발원지로 인 정돼 왔지만, 국토지리원에서 1986년부터 검룡소가 가장 긴 것으로 측정되어 지금은 한강의 보편적인 발원지는 검룡소로 일컬어지게 되 었다. 이곳에서 출발해서 한강이 바다로 흘러들어 가는 514.4km를 공 식적인 한강의 길이로 한다고 안내문에는 적혀 있었다.

검룡소 주차장 인근에는 멸종위기종으로 관리되고 있는 개병풍 서식지가 있는데, 지금은 개방이 금지되어서 일반인들은 보기가 어렵 다. 개병풍은 공룡시대에나 있을 법한, 이파리의 지름이 1m는 족히 되는 식물로서 강원도 고산지대의 깊은 계곡 응달에 극히 일부가 무 리 지어 자생하고 있다. 잎이 크고 꽃이 아름다워 관상가치가 뛰어나 다. 예전에는 산나물로 식용됨으로써 남획의 위험이 크고 개체 수가

매우 적어 1998년부터 멸종위기종
으로 지정 관리되고 있다고 한다.
설악산에도 개병풍 군락지는 한 군
데밖에 없다고 할 정도로 요즘은 쉽
게 보기가 어려운 종인데, 이곳 검
룡소에 그 귀한 개병풍 군락지가 있
다는 것이 참 신기하기만 했다.

검룡소와 골지천

　공식적인 한강길 걷기는 이곳 검룡소에서부터 시작했다. 검룡소 연
못에서부터 다시 물을 따라 걸어나가면서 한강길 걷기가 시작되었다.
검룡소에서 30분 정도 걸어나가면 주차장이 나오게 되고, 이곳에서 10
분 정도 더 되짚어서 나가면 왼편에 송어양식장이 있다. 이곳에는 마땅
한 식당이 없는 관계로 송어양식장에 들러 송어회를 먹을 수가 있었는
데 비교적 값이 쌌다. 음식업소로 허가가 난 곳이 아니어서 밥이나 술
은 먹을 수 없었으나, 초장과 오이, 마늘 등으로 회를 먹을 수 있게 준
비를 해주어서 첫째 날 점심은 송어회와 더불어 라면 등으로 해결하면
좋을 듯싶어서 그렇게 점심을 먹었다. 잠시 휴식을 취한 뒤 다시 걷기
시작하여 1시간 정도 걸어 나오니 태백으로 되돌아가는 길과 강릉, 하
장 방향으로 가는 길이 만나는 삼거리가 나온다. 물도 검룡소에서 나

오는 물과 삼수령에서 나오는 물이 만나서 하장 쪽으로 흘러가기에 다리를 건너서 왼쪽으로 길을 따라 하장 방면으로 길을 잡았다. 삼거리에서 10분 걸어가니 왼쪽으로 사조동이라는 마을로 들어가는 길이 나왔는데, 미동초등학교라는 작은 학교가 보였지만 그쪽으로 가지 않고 길을 따라 계속 직진을 했다. 거기에서 20분쯤 걸어가니 삼거리가 나왔는데, 오른쪽 산으로 가는 길은 건의령을 거쳐 도계로 가는 도로이다. 건의령을 쳐다보면서 그냥 직진해서 조금만 더 가면 검룡소에서 흘러온 물과 다시 만나는데, 여기서부터는 골지천이라고 부르게 된다. 골지천 위로 놓인 상사미교를 건너서 넓은 배추밭이 보이는 길옆으로 두 시간쯤 더 걷다 보니 상사미1교 다리가 나오고, 그 다리를 건너자 사조 보건진료소가 나왔다. 11월의 해가 일찍 지면서 약간은 어두워지는 느낌이었는데, 무엇보다도 이곳에서는 묵을 곳도 없고 식당도 없는 어정쩡한 곳이기에 그냥 사조 보건진료소 앞에서 버스를 타고 태백으로 들어오기로 했다. 내일은 이곳 사조 보건소 앞에서부터 걷기로 하고 한강길 걷기 첫걸음을 접었다. 오늘은 특별한 의미가 있는 날이어서 집으로 가서 축배를 들기로 마음먹었다. 힘든 여정이겠지만 한강길 걷기를 하기로 마음먹은 나 자신에게 격려도 하고, 끝까지 마칠 수 있도록 스스로를 북돋우며 나 자신을 위해 축배를 들기로 하고 마음 가볍게 집으로 돌아왔다.

2일 차
사조동~정선 임계

🖊 예수원과 귀네미길

태백역 바로 앞에 있는 태백 시외버스터미널에서 오전 8시에 하장 가는 버스를 타고 어제 되돌아왔던 사조 보건진료소 앞에서 하차하여 다시 걸음을 재촉했다. 보건진료소를 지나서부터는 길 왼편의 골지천을 따라서 계속 걸었다. 30분쯤 지나서 상사미2교를 건너서부터는 골지천을 오른편에 끼고 걷게 되었다. 두 시간쯤 걷다 보니 오른쪽으로 예수원이라는 갈색 표지판이 나왔다. 예수원은 호주

에서 오신 성공회 신부 대천덕 신부님이 세우신 공동체 교회이다. 하사미 덕항산 아래 고풍스러운 수도원 같은 예쁜 돌집으로 지어진 집단촌이다. 예수원은 이스라엘의 키부츠처럼 집단으로 가족들이 모

여서 농사를 지으면서 생활하는 곳이지만, 기도하기 위해 오는 사람이나 명상을 하기 위해 오는 사람들도 머무를 수 있는 곳이다. 예수원에 머물고 싶은 사람이나 그곳을 방문하고 싶은 사람은 이곳 갈림길에서 오른쪽 다리를 건너 20분 정도 산길을 걸으면 고풍스러운 예수원을 만날 수 있을 것이다. 예수원을 지나 조금 더 올라가면 백두대간의 중간지점인 덕항산이 나온다. 덕항산 구부시령에서 1시간 정도 가면 삼척 대기리라는 곳과 연결된다. 구부시령 왼쪽 능선을 타면 바로 환선굴과 대금굴의 뒷산이 나오고, 그 산과 연결된 곳에 고랭지 채소밭인 귀네미산으로 가는 길도 연결된다. 조금 더 가면 동해 두타산으로 가는 길로도 이어져서 백두대간의 중심에 서 있음을 알 수 있다.

검룡소의 물줄기는 예수원 쪽으로 가는 곳이 아니기에 예수원 가는 다리를 건너지 않고 그냥 직진했다. 예수원 표지판에서 30분쯤 더 가니 오른쪽 산 밑에 하사미교회가 보였다. 교회가 보이는 곳을 지나 무사교라는 다리를 건너서 30분쯤 더 걸으니 오른편에 '일출이 아름다운 마을 귀네미'라고 새겨진 큰 돌이 보였다. 이곳은 '1박2일' 팀이 와서 촬영했던 곳으로서, 고랭지배추를 재배하는 산속의 마을로 가는 곳이다. 소의 귀를 닮았다 해서 이름 붙여진 귀네미 마을은 지금 걷고 있는 이 길에서 오른쪽 산길로 한 시간쯤 올라간다. 산정상에는 대규모 풍력단지가 세워져 있고 엄청 큰 고랭지 배추밭이 있는데, 이곳은 '대이리 군립공원'으로 지정되어 있을 정도로 제법 많은 사람들이 모여 살면서 배추 농사를 짓는 곳이다. 이곳 귀네미 마을은 삼수령 옆에 있었던 매봉산처럼 많은 풍력발전기가 세워져서 참 아름다운 풍경을 펼쳐지는 곳이다. 날이 맑은 날에는 동해가 보일 정도로 아름다운 곳이어서 이곳에서 멋진 일출을 보려는 사람들이 많이 찾는 명소이기도 하다.

🖉 광동댐

　귀네미 마을로 올라가는 곳을 그냥 지나쳐서 직진해서 2시간쯤 걸었더니 왼편에 작은 마을이 나왔다. 마을 옆으로 솟대가 꽤 많이 세워져 있어서 참 인상적이었다. '건강장수마을 조탄동'이라고 되어 있는 마을로서 과즐체험장이 있을 정도로 과즐로 유명한 마을이라고 한다. 조탄마을을 지나 1시간 정도 계속 직진해서 걸었더니 호수처럼 넓은 물이 나왔다. 광동댐을 막아서 생긴 인공호수였다. 광동댐에 저장된 물을 가로지르는 숙암1교 위에서 바라본 광동댐 호수의 장면은 아름다운 한 폭의 그림 같았다. 숙암교 오른쪽 산은 단풍이 정말 예쁘게 물드는 곳으로 유명하다. 11월 늦가을임에도 불구하고 단풍이 아직도 예쁘게 물들어 있었다. 단풍에 물든 산이 잔잔한 물에 비치는 모습은 이국적인 풍경이었다. 광동댐 숙암1교를 건너면 바로 삼거리가 나왔다. 오른쪽으로는 삼척 미로면으로 가는 길이고 왼쪽으로 들어서면 하장이 나오게 된다. 하장 가는 길로 10분쯤 걷다보니 광동댐이 보이는 곳에 작은 쉼터가 있었다. 그곳에 전망대가 세워져 있어서 전망대에서 광동댐 호수를 조망하니 잔잔한 호수가 한

폭의 그림 같았다. 광동댐으로 인해 수몰된 지역의 사람들은 귀네미 산으로 이동 정착하여 고랭지 채소밭을 일구며 살아가고 있다고 한다. 이곳 터전을 잃고 산으로 올라간 사람들을 생각하니 마음이 짠했다. 광동댐 전망대에서 잠시 휴식을 취한 뒤 광동댐이 있는 오른쪽 언덕길로 내려오니 소박한 시골 마을 같은 하장 시내가 한눈에 들어왔다.

하장 시내를 옆에 두고 20분쯤 걸어가니 오른쪽으로 하장중·고등학교가 나왔는데, 아담한 시골학교의 풍경이 참 정겨웠다. 하장 중·고등학교 옆의 광동교를 건너자 오른편에 흐르는 골지천은 광동댐을 지나기 전에 보았던 모습과는 다른 새로운 모습이었다. 예전에는 제법 큰 시내를 이루어 흘렀구나 싶을 정도로 큰 흔적을 이루고 있었지만, 지금은 물이 조금밖에 흐르지 않아 작은 시내처럼 보였다. 광동교를 지나 1시간 정도 걸었더니 장전삼거리가 나왔다. 이곳에서

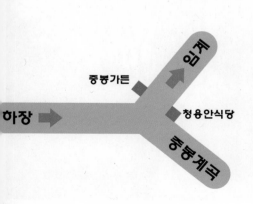

왼쪽 길로 가면 추동리와 둔전리를 거쳐서 역둔을 지나 고한으로 가는 길이라고 한다. 장전삼거리에서 직진했더니 골지천을 가로지르는 장전교가 나와서 다리를 건너 한 시간쯤 걸으니 두 개의 하천이 만나는 곳에서 중봉교를 만나게

되었다. 이곳 중봉교는 골지천이 아닌 중봉계곡에서 흘러나오는 당곡천을 건너는 다리였다. 다리 위에서 보이는 물은 골지천의 물과는 비교되지 않을 정도로 물이 투명하고 깨끗했다. 중봉교를 건너니 중봉삼거리가 나왔다. 삼거리 오른편에 있는 열두당골 휴게소가 있는 쪽으로 보이는 계곡이 중봉계곡이라고 한다. 중봉계곡은 물이 1급수가 흐르는 깨끗하고 예쁜 계곡이어서 여름 한 철에는 발 디딜 틈이 없을 정도로 붐빈다고 한다.

▲ 삼척 길전리 당숲

열두당골 휴게소에서 물 한 병을 사서 먹은 후에 왼쪽 임계로 가는 길로 한 시간 정도 걸었다. 갈전리라는 마을로 들어서는 입구 오른편에 최근에 지은 듯한 서낭당이 보이고, 서낭당 옆에 크고 아름다운 나무 세 그루가 보였다. 하장면 느릅나무라고 하는데, 이곳 갈전리 마을 사람들이 신목으로 섬기는 나무라고 한다. 원래는 '삼척 갈전리 느릅나무'를 천연기념물로 지정했었는데, 지금은 느릅나무가 있는 숲을 '삼척 갈전리 당숲'으로 묶어서 천연기념물로 지정했다고 한다. 이곳은 하장면 갈전리라는 곳으로서 대마를 키우는 곳으로도 유명하다. 여름이면 대마를 훔쳐서 대마초를 만들려는 사람들이 있어서 여름에는 경찰이 경계를 철저히 하는 곳이기도 하다. 갈전리 왼쪽에는 하장초등학교 갈전분교라는 곳이 있었지만, 지금은 폐교가 되어서 쓸쓸한 모습이었다. 갈전리를 지나 10분쯤 가니 하장휴게소가 오른편에 있었다. 휴게소에서 커피 한 잔을 하면서 지친 몸을 잠시 쉬었다. 하장휴게소를 지나 특이하게 생긴 갈전 피암터널이라는 곳을 지났는데, 터널이라기보다는 산에서 흐르는 토사를 막기 위해 세워진 콘크리트 지붕 같았다. 오른편은 절벽에 닿아 있고, 왼편은 트여 있는 형태의 터널이었다. 터널 왼쪽으로 골지천이 그냥 내다보이는 특이한 터널이었다. 터널을 지나 40분쯤 가니 도로가 탁 트이면서 넓게 조성된 토산삼거리라는 곳이 나왔다. 왼편으로 가면 정선의 소금강이라 불리는 화암면으로 가는 길이라고 한다. 임계로 가기

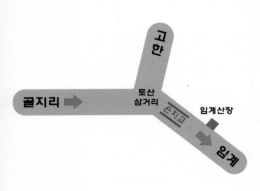

위해 오른쪽에 보이는 은치교라는 긴 다리를 건넜다. 은치교를 건너서 조금 더 가니 임계산장이라는 곳이 보이고, 그 옆에 주유소와 삼거리 휴게소가 있었다. 삼거리 휴게소 옆 임계산장에는 여러 개의 방갈로가 설치되어 있어서 여름에는 많은 피서객이 온다는 것을 짐작할 수 있었다. 임계산장 뒤쪽의 골지천 물이 제법 깊이도 있고, 물고기도 많아서 여름에는 꽤 많은 사람들이 찾는 곳이라고 했다. 삼거리 휴게소를 지나서 두 시간 이상을 골지천과 도로를 따라 지루하게 걸었다. 문래 마을이라는 곳도 지나고, 다래 마을이라는 곳도 지나면서 조금은 지루하다는 생각이 들었다. 해가 지기 직전에 혈천교라는 긴 다리를 지나자 낙천리 마을이 보였고, 왼편에 미락숲이라는 안내표지가 보였다. 해가 질 것 같아서 미락숲에는 들르지 않고 그냥 지나치는데 미락숲 옆으로 두 개의 하천이 만나는 것이 보였다. 골지천과 임계천이 만나는 곳이었다. 두 개의 하천이 만나는 곳이기에 좋은 유원지를 이루는 것 같았다. 이곳에서 골지천과 임계천이 만나서 왼쪽으로 흘러가면서 골지천이라고 불린다고 한다. 해가 지고 있어서 오늘은 일정을 접기로 하고, 다음에 다시 날을 잡아서 이곳 임계천과 골지천이 만나는 곳에서 다시 걷기로 했다. 태백 집으로 오기 위해서는 임계로 가야 했기에, 그곳에서 임계 버스터미널까지 40분을 걸어야만 했다. 참 긴 여정이었기에 많이 지치고 힘들어서 경치를 즐기기보다는 빨리 임계에 가서 집으로 갈 생각만 하면서 걸었다. 그렇게 지친 몸으로 걸어 임계 시내에 도착하니 어둠이 깔렸다. 다음에 이곳 임계에 와서 골지천과 임계천이 만나는 곳에서부터 다시 걷기로 마음먹고는 태백으로 오는 버스에 몸을 실었다. 긴 하루였기에 버스에 타자마자 잠이 들었다.

미락숲 전경 (앞에 흐르는 물이 골지천이다) ▲

3일 차
정선 임계~아우라지

구미정(九美亭)

태백에서 버스를 타고 임계 버스정류장에 내려서 다시 한강길 걷기를 시작했다. 임계 시내 중심가쪽 사거리로 나오자 강릉, 정선, 동해, 태백 가는 길이 사거리에 표시되어 있었다. 여기에서 태백 하장쪽으로 길을 잡아 지난번에 걸었던

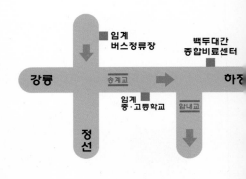

길로 다시 돌아서 걸었다. 골지천으로 가기 위해서는 임계천이 흘러가는 길로 되돌아가야만 했기 때문이었다. 사거리를 지나 송계교를

건너 직진하자 오른쪽으로 임계중고등학교가 보였다. 학교를 지나 30분 정도 걸으니 임계천과 골지천이 만나는 곳에 암내교라는 다리가 있었다. 꽤 긴 암내교를 건너자 갈림길이 나왔다. 오른쪽은 바위안 마을로 간다는 이정표가 있

었지만, 왼쪽으로 강둑을 따라 골지천 개울을 왼편에 끼고 하천과 동행하면서 걸었다. 다시 골지천을 가로지르는 가랭이교를 건너자, 골지천은 산을 안고 돌면서 아주 호젓하게 걸을 수 있게 천천히 흐르고 있었다.

나는 천렵을 좋아하는 편인데, 이곳 냇가에 반도(그물 양쪽 끝에 가늘고 긴 나무 막대로 손잡이를 만들어 민물고기를 잡는 그물)를 가지고 와서 돌을 들추어서 천렵을 했으면 하는 생각이 들었다. 이곳 골지천은 천렵하기에 알맞은 돌들이 냇물에 많이 박혀 있어서 물고기들이 많이 잡히겠구나 하는 생각이 들었다. 피라미나 송사리 등은 주로 어항을 놓아서 잡고, 깔딱메기, 뚜구리, 탱구리와 같은 육식어종은 쇠막대기를 사용해서 돌을 뒤집거나 들썩여서 반도를 대고 잡는다. 민물고기 매운탕은 육식어종을 넣어서 끓여야 진짜 진한 맛이 우러나서 맛이 있다. 이런 곳에서 잡는 잡어들은 육식어종이 반

구미정 ▲

드시 끼어 있어서 매운탕이 맛이 있을 수밖에 없다.

이런 생각에 젖으면서 약간 언덕진 곳을 만나 걸어가자 물길이 휘몰아치는 곳이 나오고, 그 왼편으로 예쁜 정자가 보였다. 정자 주위에 아홉 곳의 아름다운 풍경이 흩어져 있다고 하여 구미정(九美亭)이라고 부른다고 했다.

구미(九美)란 전주(밭둔덕, 전원경치), 석지(구미정 뒤편 반석 위에 생긴 작은 연못의 경치), 어량(폭포에 물고기가 위로 올라가기 위해 비상할 때 물 위에 삿갓 모양의 통발을 놓아 잡는 경치), 반서(구미정 계곡의 넓고 평평하게 된 큰 바위), 등담(정자에 등불을 밝혀 연못에 비치는 경치), 평암(구미정 계곡의 물가에 있는 넓은 반석), 층대(층층이 된 절벽), 취벽(구미정 앞 석벽 사이에 있는 쉼터의 경치), 열수(구미정 주변 암벽에 줄지어 있는 듯이 뚫려 있는 바위구멍의 아름다움), 이렇게 아홉 가지의 풍경을 말하는 것이다. 그리고 이 풍경 각각의 이름을 18개로 나누어 18경이라고 부른다고 했다.

이곳에서 경치도 감상할 겸 잠시 쉬면서 주변을 둘러보니 시 한

수 읊고 싶은 마음이 절로 일기도 했다. 선덕여왕, 추노 등의 드라마와 영화를 촬영한 장소들도 있다는 안내판이 있었는데, 구체적인 곳을 찾을 수가 없어서 그냥 구미정 주변에 구미(九美)라고 불릴 만한 곳들만 둘러보았다. 구미정 근처에는 소나무 숲이 있어서 야영장, 주차장, 급수대, 화장실 등이 잘 갖춰져 있고, 민박도 몇 곳이 있어서 한여름에는 많은 사람들이 찾을 것이라 예상되었다. 이렇게 구미정 근처를 둘러보면서 시간을 조금 보낸 후에 다시 갈 길을 재촉했다.

야트막한 언덕을 지나 몇 채 되지 않는 펜션과 집들이 있는 마을이 보였다. 물길이 굽이굽이 돌면서 물길 지형에 맞춰서 집들이 아담하게 자리 잡고 있어 마을 풍경이 아름답게 보였다. 이곳 골지천의 물길은 급하게 흐르기도 하고, 어느 곳에서는 물이 정체되어 넓은 소를 이루기도 하면서, 아주 천천히 흐르는 모습이 매우 인상적이었기에 계속 푸른 골지천을 보면서 걸었다. 구미정을 지나 30분 정도 걷다 보니 서울기교라는 다리가 왼편에 보인다. 속으로 '웬 서울?' 이러면서 자세히 보니 서울이 아닌, '사을기'라는 지명에서 따왔음을 알게 되어 재미있다는 생각을 했는데, 다가가서 자세히 보니 다리이름도 사을기교였다. '사을기(寺乙基)'라는 마을

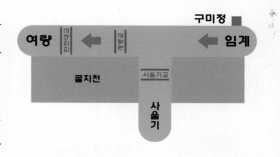

은 구미정 건너편 단봉산 아래 있는 마을 이름으로서 단봉산에 있는 절터 끝이라는 뜻에서 이름한 것이라고 한다. 사을기 마을에 있는 홈병대라는 절벽에서 보면 구미정이 한눈에 들어온다고 한다. '병대(병대)'는 정선 지방의 사투리로서 절벽이라는 뜻인데, '홈'은 '고기가 모이는 곳'을 뜻하는 말이라고 하니 홈병대는 아마도 '고기들이 모여 있는 소(沼)가 바라다보이는 절벽'이 아닌가 싶었다. 지명들이 참 재미있다는 생각을 하면서 흥겨운 마음에 콧노래도 부르면서 걸었다.

✎ 반천리 연리목과 느라방죽

사을기교를 지나 20분쯤 지나 다시 개병교를 넘어서 구불구불한 골지천을 건너고 또 건너면서 걸었다. 이렇게 골지천에 취하면서 걷다 보니 반천대교가 나왔고, 다리를 건너기 직전 오른편에 연리목이 하나 서 있어서 눈길을 끌었다. 오랜 세월 동안 서로 다른 두 나무

가 유기적으로 부딪혀 있다가 생리학적으로 교차되어 합쳐져서 하나의 나무가 되어 남녀의 영원한 사랑을 그리는 상징으로 여겨지기도 한다는 연리목(連理木). 연리목 앞에 잠시 멈춰 서서 '얼마나 그리우면 저렇게 두 나무가 하나로 얽히게 되나?' 하는 생각을 했다. 하지만 '정말 그리움이 강하면 언젠가는 저렇게 하나가 되는 사랑도 있지 않을까?' 하는 생각을 하며 반천대교를 건넜다.

길을 따라 계속 10분쯤 가니 반천리 마을이 나왔다. 길 왼편으로 저수지는 아닌 것 같은 제법 큰 연못이 보였는데 '느라방죽'이라고 했다. 방죽은 원래 물이 들어오지 못하도록 쌓는 둑을 말하는 것이지만, 강원도에서는 웅덩이를 뜻하는 사투리로도 쓰인다. 그래서 연못이라기보다는 물이 고여 있는 큰 늪지 같은 곳으로 이해가 되었다. 방죽 옆에 작은 쉼터가 있었다. 이곳에 식당 간판은 있지만, 여름 휴가철에만 문을 여는 곳이어서 저수지의 아름다운 경치를 보며 임계에서 챙겨온 김밥과 라면으로 점심을 간단하게 해결했다.

점심을 먹고 나른한 기운을 이기기 위해 다시 걸음을 재촉했다. 방죽을 지나 언덕길을 올라서 다시 내려가다 보니 주홍색으로 큰 표지판이 서 있었고, 표지에는 '두메아리 마을'이라고 적혀 있었다. 반천1리 농촌 전통 테마 마을이라고 옆에 적혀 있는 것으로 보아 아마 농촌 체험을 할 수 있는 마을인 것 같았다. 표지를 지나 만난 삼거리에서 왼편으로는 성북동이라는 마을로 가는 곳이라 되어 있었지만, 오른쪽으로 길을 잡았다. 고양1교를 지나 계속 오른편에 강물을 끼고 걷다가, 숲으로 우거진 길옆 숲에 무슨 큰 물체가 있어서 자세히 보니 지름이 80cm 정도 되는 큰 버섯이었다. 야생이어서 그런지 버섯 향이 좋아서 무작정 따서 배낭에 넣었다가 나중에 아우라지 시장에 도착해서 버섯을 아는 분께 물어보았다. 뽕나무에 자생하

는 뽕나무 느타리버섯이라고 해서 갑자기 횡재한 느낌이 들면서 기분이 좋았다. 버섯을 따서 걷다 보니 오른편으로 봉정교라고 하는 꽤 긴 다리를 건너게 되고, 약간의 언덕을 넘으니 왼편으로 물이 휘몰아오는 안쪽에 아름다운 작은 마을이 보였다. 조금 후에 다시 새치교를 지나면서 오른편으로는 정선소수력발전소도 보였다. 여기서 한 시간 정도 더 걸으니 삼거리가 나오면서 여량이라는 제법 큰 마을로 들어서게 되었다. 오른편으로는 제1여량교라고 하는 제법 큰 다리가 보였는데, 그쪽으로 가면 임계로 가는 길이라고 되어 있었다. 정선 방향으로 왼쪽 여량 시내로 들어섰더니 바로 길 오른편에 아우라지 천주교회가 보였다.

　나는 잠깐이나마 성당에 들러서 위암 4기로 판정받고 고통받으며 치료를 반복하는 친구를 위해 천주교 마당에 있는 성모상 앞에서 친

구에게 자비의 은혜를 내려주십
사 하며 치유의 기도를 바친 후
성당 문을 나섰다. 성당에서 나
와서 조금 더 내려가니 여량정
류장이 보였다. 여기에 두 곳의
모텔과 여러 개의 식당이 있어

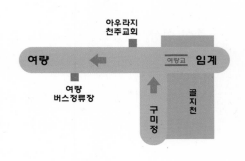

서 이곳에서 하룻밤을 머물기로 하고 여장을 푼 뒤, 시간이 조금 있
어서 역에서 20m쯤 떨어진 곳에 있는 아우라지역으로 갔다. 역을 돌
아보고 나오자 왼편에 특이하게 생긴 조형물 두 개가 눈에 띄었다.

민물의 보호어종인 '어름치'를 형상화해서 카페를 만들어 놓은 모습이 인상적이었고, 아이디어도 참 좋다는 생각을 했다. 어름치 카페에서는 국수 종류와 간단한 음료수나 커피를 마실 수가 있다고 되어 있는데, 저녁에는 일찍 문을 닫아서 내일 아침에 아우라지에 들렀다가 나오면서 커피를 한잔 해야지 하는 생각을 했다. 정류장 옆에 있는 식당에서 간단한 저녁을 먹으면서 술 한잔을 했다. 혼자서 쓸쓸하게 술잔을 기울이는 나그네의 모습이 애틋했던지 주인이 말을 걸어왔고, 한강길을 걷는다고 하니 주인이 여러 가지 얘기를 들려주면서 정선아리랑 얘기를 해주었다. 같이 술잔을 기울이다가 기분이 좋아진 주인에게 정선아리랑 한 소절도 배우는, 행운이 깃든 밤을 보냈다.

▲ 골지천과 송천이 만나는 아우라지 전경

4일 차
정선 아우라지~정선 시내

🖊 아우라지 전설과 정선아리랑

아침 일찍 아우라지로 가서 아우라지 전설이 깃든 곳들을 둘러
보았다. 임계에서 여량으로 흐르는 골지천은 오대산 횡계에서 구절
리를 통과하여 흐르는 송계(송천)와 여량에서 만나 어우러진다고 하
여 아우라지라고 한다. 아우라지역 뒤쪽 아우라지 강변으로 가니 아
름다운 경치가 펼쳐졌다. 강변에는 긴 머리를 댕기로 묶은 가녀린 처
녀가 안타까운 눈으로 하염없이 아우라지 강을 바라보는 석상이 있
었다. 간밤에 큰비가 내려 강변에 있던 배가 떠내려가 사랑하는 낭

군을 못 만나게 되어 가슴으로 애태워 하는 형상을 돌로 만들어 세워두었다. 예전에는 강을 건너지 못해 이별하는 아픔이 있었기에, 지금은 다리를 만들어서 그 아픔을 위로해 주려 했다는 사연을 듣자 다리를 건너면서 마음이 짠했다.

"아우라지 뱃사공아, 배 좀 건네주게. 싸릿골 올동박이 다 떨어진다. 떨어진 동박은 낙엽에나 쌓이지. 잠시 잠깐 님 그리워 나는 못 살겠네. 아리랑 아리랑 아라리요, 아리랑 고개 고개로 나를 넘겨주게." 다리를 건너면서 정선아리랑의 서글픈 사연이 귓가를 맴도는 느낌이었다. 옛날에는 남한강 상류인 아우라지가 물길을 따라 목재를 한양으로 운반하던 유명한 뗏목 터였기에 전국 각지에서 몰려든 뱃사공의 아리랑 가락이 끊이지 않았던 곳이라더니 노랫말을 보니 그 말이 실감이 났다.

여량에서 골지천과 송천이 어우러져서 아우라지가 되고, 아우라지를 지나면서 골지천은 조양강이라는 이름으로 바뀌게 된다. 그리고 조양강이 정선 시내를 관통해서 흘러가다가 다시 정선 동강이라는 이름으로 바뀌게 된다고 한다. 어제 들르

지 못했던 어름치 카페에 들러 커피 한 잔을 마시고 다시 걸음을 재촉했다. 아우라지역에서 직진하여 15m쯤 가다가 삼거리에서 오른쪽으로 들어서서 직진했다. 작은 시멘트 다리가 나왔다. 다리를 건너지 않고 다리 가기 직전에 왼편으로 가서 좁은 길로 들어섰다. 가다보니 오른쪽에 항아리가 잔뜩 지붕에 올려진 2층짜리 황톳집이 보였다. 이곳에서 정면에 보이는 산을 향해 나 있는 외길로 걸으면서 갈라지는 길이 있을 때마다 계속 오른쪽으로 가파른 언덕을 올라갔다. 집과 밭이 펼쳐지는 곳을 지나니 마산재 정상에 전망대가 있었다. 이곳 전망대에 오르니 멀리 아우라지에 송천과 골지천이 합쳐지는 모습이 한눈에 들어와서 장관이었다. 이 아우라지 강물이 조양강이 되어서 예전에 탄광 지역이었던 나전을 통과해서 정선으로 흘러들어 간다고 한다.

🧭 꽃벼루재길

마산재를 지나면서 일명 꽃벼루재길이라고 불리는 길을 걸어서 나전으로 향했다. 꽃벼루재길은 진달래꽃이 가장 먼저 피는 벼랑길이라는 뜻에서 지어진 이름이라고 한다. 이름처럼 구불구불한 벼랑을 따라 난 길이어서 걷는 내내 경치가 아름다웠다. 지금은 도로를 만들어 여량에서 다리를 건너서 나전까지 자동차로 왕래하지만, 예전에는 이 길을 넘어서 산을 타고 조양강을 끼고 다녔다고 한다. 1시간 30분 정도 약간 비스듬히 내려가는 옛길을 걷다 보니 조선 시대 양반이 과거시험을 보러 먼 길을 혼자 걷는 듯한 기분이 들었다. 꽃벼루재길 막바지쯤 왼쪽에 정선경찰서 사격연습장이 보였고, 여기에

서 30분쯤 더 가니 삼거리가 나왔다. 삼거리 오른쪽으로 나전 시내로 들어가는 길이 보였다. 여기서 정선 시내까지는 식당이 마땅치 않다고 해서 나전 시내에 들어가서 점심 식사를 했다.

이렇게 걷는 시골길에서는 식사를 해결하는 것이 문제가 될 수밖에 없다. 간단한 빵이나 라면으로 식사를 해결하기보다는 온종일 걷는 체력적인 문제도 해결하기 위해서는 중간에 식당이 있는 곳이라면 그 지방의 특색이 담긴 토속적인 식사를 하는 것도 좋은 일일 것 같다는 생각을 했다. 그래야 그 지방의 문화와 정서도 이해할 수 있을 것 같았다. 다리를 건너 나전으로 들어가서 점심을 먹고 다시 다

리를 건너서 아까 걷던 길로 와서 삼거리에서 꽃벼루재길과 반대편 길로 강을 끼고 걸었다. 오래지 않아 작은 마을이 나오고, 왼편에는 십자가가 높이 솟아 있는 성결교회가 보였다. 논밭을 가로지르며 오른편으로 가니 큰 도로가 나와서 나전으로 가는 길 반대쪽 길로 내려갔다. 조양강을 오른편에 두고 계속 가다 보니 큰 다리가 나와서 건너니 한반도 모형이 마을 입구에 서 있었다. 마을 이름이 '한반도 지형 마을'이라고 되어 있었다. 산 위에서 내려다보면 한반도 모형으로 보인다고 해서 한반도 지형 마을이라

고 한다. 마을의 삼거리에서 계속 직진하면 이 마을을 한눈에 바라다볼 수 있다는 산으로 가는 길이지만, 아쉽게도 오늘 정선까지 가야 했기에 시간이 없어서 다음을 기약했다. 오른편의 긴 다리를 건너서 정선으로 향했다. 다리를 건너 고가도로가 있는 곳에서 고가도로 밑으로 왼편으로 돌아서, 강을 왼편으로 끼고 문곡 강변을 계속 걸었다. 걷다 보니 강 건너편

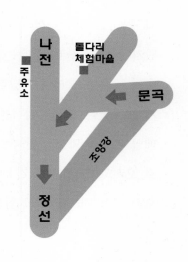

에는 소수력발전소가 보이는 곳에서 다리를 건넜다. 다리를 지나 오르막을 오르다가 삼거리에서 정선 시내로 가는 이정표가 보였다. 삼거리에서 정선 시내까지는 약 4km가 남았다는 표시가 보였다.

    40분쯤 걸어서 정선 시내로 들어가는 다리를 건너니 정선 오일장터가 있었다. 매달 2일과 7일에 오일장이 열리는데 취나물, 곤드레, 더덕, 곰취 등 각종 나물 종류가 장터에 가득 깔려 있으며 동강에서 잡은 각종 민물고기와 다슬기 등도 파는 곳이다. 매번 장날에는 정선 관광 열차도 운영을 하고 있어서 나물을 사고자 하는 사람들로 붐비는 곳이다. 특히 정선 특유의 메밀 부침과 올챙이 국수, 황기족발, 콧등치기 국수 등을 먹으려는 사람들로 북적거리는 풍경이 볼만한 곳이다. 옛날에는 고을 사또들이 정선에 발령이 나면 조선 땅 오지 중의 오지라서 서러운 마음을 안고 눈물을 흘리며 정선에 들어왔지만, 이곳을 떠날 때는 정선의 풍성한 인심을 잊지 못해서 아쉬움의 눈물을 흘리며 떠났다는 이야기도 전해지는 곳이어서 더 정겹게 느껴졌다. 정선장이 선다는 장터와 시장을 구경하다가 시장에서 메밀 부침과 막걸리 한 잔으로 쌓인 피로를 풀었다. 정선에서 태백으로 오려고 하니 바로 가는 차가 없어서 임계로 가서 그곳에서 태백으로 가는 버스를 타고 집으로 향했다.

정선장터 ▲

정선장의 명물인 모둠 부치기(메밀부침, 수수부꾸미, 녹두부침, 메밀전병)와 오일장 막걸리 ▲

5일 차
정선 시내~신동

🖋 강원 산소길 동강 가는 길

한강길 걷기를 하면서 가장 어려움을 겪은 것 중의 하나가 교통편이었다. 태백에서 차를 가지고 가면 편하기는 하지만, 다시 그 차를 가지러 돌아가는 것이 만만치가 않아서 어려움이 있다. 또 토요일부터 일요일까지 이틀 동안 걸었던 것이 보통인데, 이틀을 걸은 후에 다시 그 차를 가지러 되돌아오는 것이 문제여서 어쩔 수 없이 대중교통을 이용할 수밖에 없었다. 그러다 보니 직접 오는 교통편이 없을 때는 어려움이 많았다. 더욱이 직장에 다니다 보니 매주 걸을 수도 없는 실정이어서 한강길을 완주하는 데에는 어려움이 많았다. 내가 다니는 병원은 토요일 오전에도 근무하다 보니 토요일에 시간을 내려면 휴가를 사용해야 하는데, 매주 휴가를 내는 것이 눈치가 보여서 그것도 참 어려웠다. 그래서 병원이 바쁘지 않을 때라든지, 연휴가 있을 때를 이용해야만 했다. 더욱이 겨울에는 걷는 것이 위험하기도 하고, 추위와 싸우면서 걷기도 어려워서 걷기를 중단해야만 했다. 장마 때나 비가 많이 오는 주말도 피해야만 했다. 게다가 결혼식에 참석해야 할 때도 있고, 친구들과 중요한 모임도 있다 보니 이래

저래 불편함도 많았다. 이런저런 이유가 뒤따르다 보니 한강길 걷기
는 생각보다는 길어져서 결국 2년이라는 꽤 긴 시간이 걸릴 수밖에
없었다.

　정선으로 바로 가는 버스가 없어서 임계로 다시 갈까 하다가, 여
러 경로로 알아보니 정선 남면으로 가는 것이 편리하다고 해서 태백
에서 새벽 첫차를 타고 사북 고한 공영시외버스터미널로 가서 그곳
에서 정선가는 버스를 타고 정선으로 다시 갔다. 직접 정선으로 가
지 못하고 돌아서 가다 보니
9시쯤 정선 시외버스터미널
에 도착했다. 정선터미널에서
부터 다시 한강길 걷기를 시
작했다. 오늘은 정선에서 신
동 고성리까지 가야 하는 일
정인데, 30Km나 되는 힘든
길이어서 빨리 걸어도 8시간

가까이 걸리는 길이기에 부지런히 걸어야만 해가 지기 전에 도착할
수 있을 것 같은 거리였다. 터미널에서 왼편으로 솔치재를 넘어서 가
는 방법도 있지만, '강원 산소길 동강'을 걷고자 오른편으로 가서 다
리를 건너 정선 시내 가는 방면으로 들어갔다. 다리를 건너자 왼쪽
으로 '동강 가는 길'이라는 푯말이 있어서 그쪽으로 걸었다. 왼쪽 강

건너편에 솔치재가 보였다. 지금은 솔치재로
도로가 나서 정선에서 가수리로 가려면 그쪽
으로 다니지만, 예전에는 내가 지금 걷는 이
길로 조양강 변을 끼고 걸어 다녔다고 한다.
조양강 변을 따라 걷는 이 길은 '강원산소길

동강길'이라고 이름 지어질 정도로 아름다운 경치가 펼쳐지는 멋진
길이었다. 푸르게 흐르는 조양강을 끼고 아름다운 경치에 취하면서
걷다 보니 용탄리 마을이 보였다. 이곳에서 조양강으로 흐르는 작
은 개천이 나와서 비룡본교라는 다리를 건넜다. 계속 걸어서 조양강
을 가로지르는 용탄대교라는 큰 다리 밑을 지나서 용탄감리교회가
보이는 길로 갔다. 그곳에서 직진하지 않고 가파른 오른편으로 돌아
용탄대교 윗길로 올라가서 걸었다. 용탄대교를 건너서 완만한 언덕
길을 걷는데, '소나무 고개'라는 이름인 솔치재는 소나무가 울창해서
정말 보기가 좋았다. 솔치재를 넘어 내려가자 솔치삼거리가 나왔다.

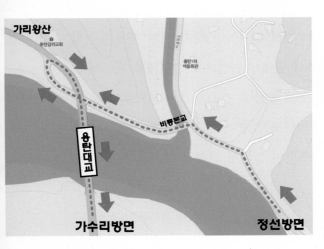

왼쪽은 가리왕산·평창으로 가는 길이고, 오른쪽이 가수리로 가는 길이라는 큰 이정표가 보였다. 조양강이라는 말 대신에 정선 동강이라는 표시가 보이는 것으로 보아 가수리 가는 길은 정선 동강이라고 더 알려진 듯했다. 여기서부터는 계속 강을 끼고 걷게 되었는데, 정말 산소길이라는 이름에 어울리는 환상적인 길이 펼쳐졌다.

동강 할미꽃과 붉은 뼁대

솔치재를 내려온 지 얼마 지나지 않아서 또 하나의 한반도 지형 모습을 보게 되었다. 이곳 왼쪽의 산은 병방산이고, 가파른 절벽같이 보이는 곳은 병방치라고 불리는 곳이다. 이곳에서 바라다보는 동강의 모습이 또 하나의 한반도 모습을 지닌다고 한다. 병방치 정상의 유리로 만들어진 스카이워크에서 이곳 동강을 바라보면 굽이 돌아가는 강이 또 하나의 한반도 지형을 만들고 있음을 볼 수 있다. 스카이워크 옆에서 짚와이어를 타고 동강까지 내려올 수 있는데 그 스릴도 정말 대단하다. 솔치재에서 가수리로 가는 길을 걷다 보니 병방치에서 짚와이어를 타고 내려오는 모습이 보여서 예전에 짚와이어를 탔던 추억이 새록새록 떠올랐다. 병방치를 지나서 귤암리라는 지명이 보이는 곳에서는 정선 동강 중에서도 이곳에서만 자란다는 동강할미꽃을 소개하는 흔적을 여러 곳에서 볼 수 있었다. 봄철에 이곳을 걷다 보면 벼랑에 피어있는 보랏빛의 할미꽃을 볼 수가 있는데, 이 꽃이 동강할미꽃이라고 한다. 보통의 할미꽃은 붉은색으로서 꽃이 고개를 숙이고 있어서 할미꽃이라고 불리지만, 동강할미꽃은 고

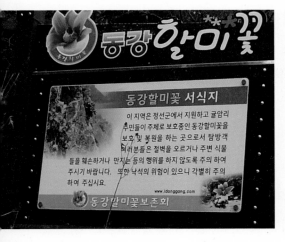

개를 숙이지 않고 햇볕을 받으려고 자색의 꽃이 빳빳하게 고개를 쳐들고 있는 것이 특징이라고 한다. 동강의 특징인 기암절벽이 길 왼쪽에 펼쳐지고, 오른쪽에는 동강이 흐르는 절경이 펼쳐지는 이곳에 동강할미꽃의 아름다움까지 보탠다

면 걷는 즐거움은 배가 되지 않을까? 동강할미꽃 군락지라는 곳에는 꽃은 보이지 않았지만, 바위틈마다 동강할미꽃 이파리가 보였다. 절벽에는 동강할미꽃뿐만 아니라 돌단풍꽃도 만발한다고 하니 봄철에 이곳을 한번 걷고 싶다는 생각을 하면서 행복하게 걸었다. 또 강변의 암석들은 강물의 흐름에 영향을 받아 한 방향으로만 누워있는 듯이 보이고, 암벽에는 구불구불한 선들로 이루어진 절벽이 펼쳐져 있었다. 일명 '붉은 뼝대'라고 불리는 곳이었다. '뼝대'는 절벽을 뜻하는 정선 방언인데, 절벽이 붉다 하여 '붉은 뼝대'라 한다고 했다. 삼국지에 나오는 적벽대전이 있었던 곳에 빗대어 붉은 뼝대 앞을 유유히 흐르는 강을 소적벽강이라고 한다고 해서 주유와 제갈공명에게 혼쭐이 나서 쫓겨 가는 조조를 생각하며 걸었다.

소식은 그 유명한 적벽부에서 다음과 같이 읊었다.

술을 걸러 강물을 굽어보며/ 창을 비껴들고 시를 읊으니/
참으로 일세의 영웅이련만/ 지금은 그가 어디에 있는고?

이 구절을 떠올리며 저 유유히 흐르는 동강을 바라보니 세월의 무상함을 다시 한번 느낄 수 있었다. 이런저런 생각을 하며 가수리분교 조금 못 미쳐서 절벽 위의 소나무가 멀리서도 멋있어서 한참을 바라보았다. 그리고 그 나무 밑 절벽 아래 적혀 있는 소적벽강의 이야기를 읽으며 동강을 바라보니, 적벽대전이 눈앞에 펼쳐지는 듯했다.

소적벽강 안내판을 지나서 왼쪽 언덕 위에 있는 정선초등학교 가수분교에 이르렀더니, 언덕 위에 동강을 굽어보고 있는 오래된 느티나무가 인상적이었다. 느티나무가 선 곳에서 바라보니 동강이 정말 그림처럼 펼쳐졌다. 이곳이 소적벽강이라는 얘기가 실감이 났다. 더욱이 동강과 지장천이 만나서 합수가 되는 곳이기에 수량이 풍부해서 경치가 더 아름답게 펼쳐졌다. 이곳은 한여름 성수기일 때만 식당과 민박집이 문을 열고 평소에는 열지 않는다고 한다. 어쩔 수 없이 간단하게 라면을 끓여서 점심을 먹었다. 하지만 아름다운 절경을 보면서 먹는 라면과 식후에 먹은 사과는 그 어떤 진수성찬보다도 맛있었다.

점심을 먹고 가수분교를 떠나서 20분쯤 가니 강 건너편으로 가는 길이 하미길이라고 되어 있는 곳이 나왔다. 돌 표지판에는 '하미'라 표시되어 있었다. 강 쪽으로 차 한 대가 지나갈 정도의 잠수교 같은 좁은 다리가 강을 건너도록 되어 있었고 그 길이 하미길이라고 표시가 되어 있었다. 순수한 우리말로는 '하미'가 '큰물'이라는 뜻이니 '하미 마을'은 큰물이 흐르는 마을인가 싶기도 했지만, 아무런 안

내판도 없어서 궁금증만 안고 길을 걸을 수밖에 없었다. 가수리 길은 강물을 따라 구불구불하게 되어 있어서 뱀이 기어가는 듯한 모습이었다. 특히, 가수리를 걸으면서 만난 나리소 전망대에서 바라다본 동강의 풍경은 한반도 지형의 모습을 보듯이 굽어가는 모습이 압권이었다. 나중에 글을 쓰면서 알아보니 전문적인 용어로는 감입곡류하도(嵌入曲流河道)라고 했다. 청령포가 대표적인 감입곡류하도인데, 이곳 가수리길도 감입곡류하도라는 것을 걸으면서 명백하게 느낄 수가 있었다. 구불구불 흐르는 동강을 따라서 걸으면서 옛날 이 강 위에 뗏목을 띄워놓고 한강까지 갔었던 그 뗏목 길이 얼마나 아름다웠을까? 지금 이곳을 지나면서 보니 가히 상상이 되었다. 이 길은 차로 드라이브를 하는 것도 멋지지만, 걷기를 좋아하는 사람들에게는 꼭 권하고 싶은 아름다운 길이다. 흐르는 강물처럼 삶을 살아보고 싶다는 생각을 하며 빠른 걸음으로 걷다 보니 왼편 산길로 포장도로가 나왔다. '동강 전망 자연 휴양림 오토캠프장'이라는 큰 표지판이 보였는데, 이곳에서 2,5Km 산으로 올라가면 산 정상에 캠프장이 세워져 있다고 한다. 그곳에서 구불구불 흐르는 동강을 굽어볼 수가 있다고 하니 기회가 되면 한번 가서 캠프를 하고 싶다는 생각을 했다. 오토캠프장 가는 갈림길에서 100m쯤 내려가니 또 갈림길이 나왔다. 오른편은

소골길이라고 되어 있고 민박, 펜션 안내판이 여러 개 있는 것이 대단한 곳 같아 보였다. 제장 마을로 가는 새로운 길이라고 했다. 예전에 제장 마을에서 묵었던 좋은 기억이 있었지만, 해가 지고 있어서 제장 마을까지는 들를 수가 없다는 아쉬움을 안고 직진했다. 10분쯤 더 걸어가니 오른편에 '예미초등학교 고성분교장'이 폐교가 되어 초라한 모습으로 보였다. 분교 옆에 '고성산성' 올라가는 길이라는 표지판이 보였다. 이런 곳에 산성이 있다니 참 신기하다는 생각이 들었다. 사람이 살 것 같지도 않은 이런 첩첩산중에 옛날에 어떻게 산성을 만들었을까 하는 의구심이 들었지만, 안내판을 보면서 이해가 되었다. 예전에 이곳은 고구려의 영토였는데, 신라가 세력을 확장하며 계속 북진을 해서 올라오자 고구려인들이 이곳에 산성을 축조했다고 한다. 예전에는 물길이 중요한 교통로였기 때문에 어쩌면 이곳은 중요한 교통요지였을 거라는 생각이 들었다. 어둑해지는 느낌이 들어 조금 빨리 걸어서 저녁 6시쯤 고성리 보건진료소가 있는 곳에 도착했다. 동강을 따라오다 곳곳에 펜션이 있어서 잠자리를 구하는 것은 어렵지는 않지만, 식당이 마땅하지 않아서 고성에서 머물지 않고 마을버스를 타고 가까운 신동으로 나가서 자기로 했다. 신동은 영월과 태백으로 들어가는 중간지점이고, 예미, 함백, 석항이 가까운 곳에 있어서 숙식하기가 쉬웠기 때문이었다.

고성리 고성지(古城里古城址) 신동읍 고성리

이 곳은 옛날 이고장을 지키려는 선인들의 호국의 얼이 깃든 산성(山城)의 옛 터이다
자세한 기록은 찾을 수 없으나 삼국시대 고구려가 한강유역을 차지 하면서 신라의 세력을 경계하기 위하여 이곳에 산성을 쌓았다고 전한다 그러나 산성의 축조형식 또는 석촉(石鏃)과 석검등 청동기시대 유물이 출토된 점으로 미루어 보아 이 산성은 삼국시대 이전에 축조되었을 가능성도 있다
해발 700미터가 넘는 높은 산위에 마치 테를 두른 듯 둥글게 쌓은 산성은 남한강이 흐르고 평창으로 통하는 험준한 고개길이 남북으로 놓여있는 교통의 요충지(要衝地)이다
향토를 지키려는 호국의 얼이 깃든 유적(遺蹟)을 보존하고자 표석을 세운다

1984. 8.   정선군수

6일 차
신동~거북이마을

『선생 김봉두』 촬영지 연포

오늘은 산길을 가야만 했고, 지도에 표시도 불분명한 곳을 가야만 했기에 신동에서 새벽 일찍 서둘러서 길을 나섰다. 차를 타고 어제 걷기를 마쳤던 고성까지 갈까도 싶었지만, 차가 자주 있지도 않고, 새로운 길을 걷고도 싶은 욕심에 그냥 걸어가기로 했다. 연포마을로 가려면 예미교차로에서 가수리로 가는 길로 되돌아가야 했다. 38국도 4차선 도로에서 왼쪽으로 가면 영월로 가는 길이고, 오른쪽은 태백으로 가는 길이어서 길을 건너 동강 가는 길이라고 되어 있는 길로 갔다. 이 길은 계속 올라가는 언덕길이었지만, 산을 끼고 가는 길이어서 공기가 상쾌해서 걷기가 좋았다. 계속 올라가다가 길이 갈라지는 곳이 나왔는데 왼쪽 길로 가면 새로 난 도로지만 산꼭대기까지 빙 돌아서 가는 길이고, 똑바로 가면 일제 강점기에 만들어진 긴 터널을 지나야만 했다. 지금은 산을 둘러서 가는 새로운 도로가 났지만, 예전에는 이 터널을 통과해서 다녔다고 한다. 하지만 지금도 이 터널로 가면 시간을 많이 절약할 수 있다고 해서 터널을 통과해서 가기로 했다. 이 터널은 차 한 대가 겨우 지나갈 정도의 터널이어서 터널 입구에서 반대편 상황을 잘 살펴본 후에 헤드라이트를 켜서 신호를 준 후에 지나가야만 한다고 했다. 90여 년 전에 뚫은 터널치고는 꽤 긴 터널로서 150m는 족히 넘는 터널이었다. 터널을 지날 때는 앞에서 차가 오지 말라는 표시로 손전등을 흔들면서 가야 했다. 컴컴하기는 했지만 다행스럽게도 차가 오지 않아서 빠르게 지나갈 수 있었다. 터널을 지나서 어제 차를 타고 신동으로 갔었던 고성 보건진료소까지 계속 내려갔다. 그곳에서 왼편 이정표에 오른쪽 길로 가면 가수리와 정선으로 가는 길이고, 왼쪽으로 가면 연포와 원덕천으로 가는 길이라고 되어 있었다. 삼거리에서 연포 쪽으로 들어섰다.

계속되는 언덕길을 걷다 보니 가파른 언덕을 넘어 작은 집 몇 채가 모여 있는 곳에 삼거리가 나왔다. 오른쪽으로 가면 제장 마을이 나오는데, 거북이 마을로 가기 위해서는 왼쪽 길로 가야 했다. 제

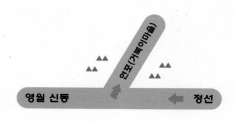

장 마을은 강 건너편에 있는 작은 마을인데, 상당히 조용하고 아름다운 마을이어서 한 번쯤 민박을 해도 좋은 곳이다. 연포로 가는 왼쪽 길로 가다 보니 작은 마을이 나왔다. 길을 물으니 산 정상으로 오르는 듯한 도로로 가야 한다고 했다. 차 한 대가 겨우 지날 수 있는 가파른 산길을 가느라 힘은 들었지만, 옆으로 보이는 산 능선들이 참 아름다웠다. 이게 동강으로 가는 길이 맞나 싶을 정도로 첩첩산중으로 들어가는 길이어서 고개를 갸우뚱거렸지만, 동네 사람들이 알려준 길이라 그냥 산길의 아름다움을 즐기면서 걸었다. 소나무 숲을 지나자 갑자기 앞이 탁 트이면서 동강이 내려다 보였다. 강 맞은편 산 위에는 유리 다리가 작은 모습으로 보이는데 절로 감탄이 나왔다. 강과 산이 만드는 아름다운 경치에 취하면서 밭이 펼쳐져 있는 산 아래쪽으로 내려갔다. 산 중턱에는 소박한 사람들이 모여 사는 열 채 정도 되는 아담한 동네가 있었다. 동네에는 다섯 평정도 되는 아주 작은 교회도 있고, 작은 가게도 있었다. 이런 깊은 산 속에 사는 사람들은 어떤 사연으로 여기에서 정착을 했을까 하는 생각을 했다. 강가에 이르니 잠수교처럼 생긴 다리가 나왔다. 다리 위에서 바라보니 아름다운 동강의 그림이 한눈에 들어오는 느낌이었다. 강 건너편에는 『자연인』이라는 TV 프로그램에 나온 사람이 산다는 곳이 기암절벽 사이에 멀리 보였다. 잠시 다리에서 경치에 취하면서 점심 식사를 했다. 어차피 오늘 중으로는 유리 다리를 건너서 산을 넘을 수 없을 것 같아서 거북이 마을 민박에서 밤을 보내기로 예정을 했기에, 그동안 제대로 감상하지 못한 동강의 아름다움을 맘껏 누리고 싶었다. 걷는 것에만 치중하느라 이처럼 아름다운 경치를 누리지 못한다면 무슨 의미가 있으랴 싶어서 오늘같이 여유가 있는 날에는 천천히 즐기면서 걸으려 했다.

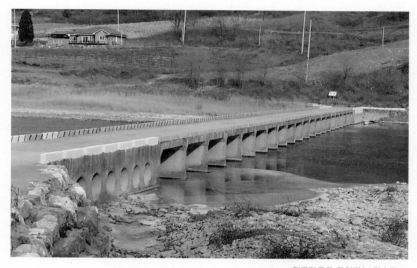

연포마을로 들어가는 잠수교 ▲

점심을 먹고 다시 걸음을 재촉하니 산모롱이를 돌아서자마자 작은 동네가 나오는데 이곳이 연포라고 했다. 언덕에는 연포분교라는 곳이 있는데, 이곳에서 『선생 김봉두』라는 영화를 촬영했다고 한다. 연포에서 강 쪽으로 가지 않고 산 쪽으로 30m쯤 올라가다가 왼쪽으로 거북이 마을로 향했다. 산길로 걷다가 뽕나무가 많은 밭을 지나면서 다시 강이 나왔다. 강을 따라가다 보니 강 건너에는 여러 채의 집이 보였는데 그곳이 가정마을이라고 했다. 가정마을에는 갈 수 있는 다리가 없어서 강을 가로지르는 밧줄을 이용해서 배를 타고 가야 한다고 한다. 가정마을에 가기 위해서는 이곳에서 전화를 하라고 되어 있었다. 그 마을에서 식사하거나 묵기 위해 전화로 예약하면 식사하는 집에서 시간 맞춰 나와 배를 태워준다고 한다. 지금 가고 있는 거북이 마을은 행정구역상 정선이지만, 강 건너편의 가정마을은 행정구역상 영월이 된다고 한다. 그래서 가정마을은 영월의 오지마을로 TV에 소개되었다고 한다.

🏞 거북이 마을

정말 영화에만 나올 법한 조용하고 아름다운 마을을 보는 것 같아서 건너가서 잘까 하다가 내일 산을 넘어야 하는 일정을 생각해서 강을 건너지 않고 배터에서 강을 따라 계속 걸었다. 가다 보니 큰 밭이 펼쳐지

고 오른편 언덕에 거북이 마을 민박집
이 보였다. 민박은 반드시 전화로 예약
을 해두는 것이 필수라는 이야기를 들
었었기에 나도 예약을 해두었다. 민박집
은 할머니와 두 명의 아들이 운영을 하
고 있었는데, 아들들이 아직 장가를 못
가서 할머니의 걱정이 이만저만이 아니
었다. 큰아들은 민박집 아래쪽의 넓은
밭을 일구어 농사도 짓고, 민물고기와

다슬기를 잡아서 매운탕을 끓여주는 식당 도 운영하고, 산에 피는 야생
화를 따서 예쁜 꽃차도 만들어 파는 알뜰 일꾼이었다.

저녁에 민박집 아들이 마련한 매운탕으로 식사한 후에 후식으로 아
들이 여름에 말려두었다는 꽃차를 마시면서 큰아들과 이런저런 담소를
나누었다. 시골에 사는 이의 순박한 삶의 모습을 엿볼 수가 있어서 참
좋았다. 무엇보다 다음 날 여정에 대해서 상세한 설명을 들으면서 계획
을 잡을 수가 있어서 더 좋았다. 다음 날은 강을 따라서 가는 길이 없기
에 민박집 옆의 산길로 올라가서 유리 다리를 건너 백운산의 칠족령을
넘어가서 문희마을과 평창 미탄으로 갈 수도 있고, 영월 문산으로도 갈
수 있다고 하는 설명을 들을 수 있었다. 거북이 마을의 호젓한 강가에
서 강물 소리를 들으면서 잠을 자니 피로가 절로 풀리는 느낌이었다.

7일차
거북이 마을~어름치 생태 마을

✎ 칠족령과 유리 다리

　다음 날 아침, 민박집에서 아침을 든든하게 먹고 민박집 옆으로 나 있는 산길로 올라갔다. 오솔길로 된 완만한 산길이어서 편안한 마음으로 오를 수 있었다. 15분 정도 오르니 양쪽으로 갈라진 길이 나왔는데, 오른쪽으로 가면 연포마을로 가는 길이고, 왼쪽 길이 칠족령으로 가는 길이어서 왼쪽 길로 접어들었다. 20분 정도 가니 백운산의 하늘벽 유리 다리가 나왔다. 여기서 동강을 내려다보니 구불구불한 동강이 정말 한 폭의 그림처럼 펼쳐졌다. 강 건너편에는 어제 오던 연포 마을 길이 보이고 깎아지른 듯한 절벽 아래에는 동강이 유유히 흘러가고 있었다. 봄에는 철쭉과 수수꽃다리가 만발하게 피어 유리 다리가 더 빛난다고 한다.

동강의 멋진 풍광에 젖었다가 다시 10분 정도 가니 산길이 험해지면서 5m 아래쪽으로 내려가는 밧줄이 보여서 이 밧줄을 잡고 내려갔다. 능선을 따라 계속 가니 세 갈래 길이 나왔다.

여기서 더 올라가면 백운산 정상이 나오고 왼쪽으로 내려가면 문희마을이 나오게 된다고 하는 이곳이 바로 칠족령이었다. 칠족령은 평창군 미탄면과 정선군 신동읍의 경계에 위치한 고개인데, 백운산 자락에 있는 6개 봉우리 중 하나이다. 백운산 정상에 오르지 못한 아쉬움을 남겨둔 채 왼편으로 한참을 내려오니 백룡동굴 체험관이 나왔다. 백룡동굴은 인터넷으로 예약하고 와야 하는 곳으로서 동굴의 진면목을 체험할 수 있는 특별한 곳이라고 한다. 그곳에서 지급하는 옷을 입고 들어가서 어떤 부분은 기어들어가기도 하면서 체험을 하는 동굴이어서 신선한 동굴 체험의 진수를 맛볼 수 있다고 했다. 백룡동굴 체험관을 지나면 바로 문희마을이 나오는데, 열 채 남짓한 집과 청호산장, 백운산방 등의 펜션이 있는 곳이었다.

문희마을과 어름치 마을

예전에 이 마을에는 문희라고 불리던 개가 있었는데, 이 개가 마을을 지켰다고 해서 문희마을로 불리게 되었고, 또 이 문희라는 개가 발바닥에 옻칠을 묻혀서 넘어다녔다는 데서 칠족령이 되었다는 재미있는 이야기를 읽었다. 식사를 할 수 있는 마땅한 식당이 없어서 백룡동굴 체험관 휴게실에서 물 한 잔을 마시고는 준비해온 간단한

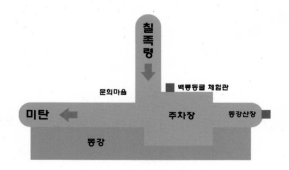

점심을 먹었다.

　주차장에서 왼쪽으로 강을 끼고 계속해서 문산(영월읍 소재)을 향해서 걸었다. 동강을 바로 옆에 끼고 걷는 길은 참 아름다웠다. 경치에 취하여 두 시간 정도 걷다 보니 개천이 하나 나왔는데 기화천이라고 했다. 더 이상 동강을 따라 걸을 수가 없어서 오른쪽으로 도로를 따라 10분쯤 가니 예쁜 쉼터가 나왔다. 쉼터에서 바라보니 기화천 건너편에 어름치 마을이 보였다. 오른쪽으로 이어지는 도로는 미탄으로 가는 길이기에 그쪽으로 가지 않고 쉼터 앞에 보이는 목재와 철재로 만든 예쁜 출렁다리를 건넜다. 출렁다리를 건너니 넓은 주차장이 나오면서 주차장 앞 언덕에는 '평창 동강 민물고기생태관'이라는 건물이 있었다. 이 마을은 어름치 마을이라고 불린다는 안내판을 보면서 문산으로 가기 위해 왼편 길을 따라 동강 쪽으로 걸었

다. 마을의 원래 지명이 마하리라서 길도 마하길이라고 되어 있었다. 마하리 마을회관을 지나 계속 동강 쪽으로 걸었지만, 큰 밭을 지나 산 쪽으로 이어진 길을 올라가다가 다시 내려가니 아까 출발했던 민물고기생태관으로 다시 나오게 되었다. 조금은 당황스러운 마음에 마을

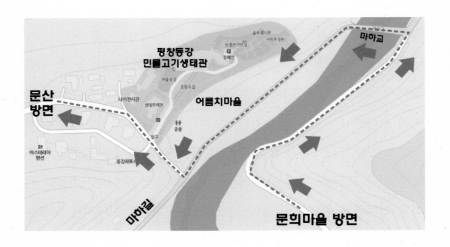

사람들에게 문산으로 가는 길을 물으니 문산으로 가는 길은 강과 절벽으로 끊어져 있어서 그 길을 제대로 알지 못하면 갈 수가 없다고 했다. 어름치 마을에서 문산까지는 산을 넘으면 반나절이면 가는 길이지만, 그 길이 험하고 힘들어서 제대로 길을 알지 못하는 사람들은 갈 수가 없다고 했다. 차를 타고 간다고 하면 평창 미탄을 거쳐 영월로 가서 영월 동강으로 거슬러 올라가야 하는 길이기에 차로 족히 세 시간은 걸리는 길이라고 했다. 뗏목을 타고 가면 한 시간도 걸리지 않는 길이지만, 도로가 없어서 빙 돌아서 갈 수밖에 없다는 말에 당황스럽기만 했다.

영월의 문산은 동강의 래프팅이 시작되는 곳이어서 여름에는 래프팅으로 성시를 이룬다고 하지만, 이곳 어름치 마을에서 영월 문산으로 가는 길을 찾을 수가 없고, 그곳 마을 사람들에게 물어봐도 아는 사람이 없었다. 더욱이 도로를 따라 평창 쪽으로 나가서 큰 도로를 따라 강과는 동떨어지게 가야만 했다. 그렇게 돌아가는 길마저 차로 간다고 해도 세 시간이 걸리는 길이라고 하니 난감하기만 했다. 강을 따라 배를 타고 가면 불과 1시간도 걸리지 않는 거리이지만, 산과 강이 막혀서 돌아서 가게 되면 그 몇 배가 걸린다고 하니 자연의 위대함을 다시 한 번 실감하는 순간이었다.

하지만 이곳에서 동강을 끼고 도는 트레킹을 하지 못하면 한강 상류 부분의 아주 중요한 트레킹코스를 놓치게 되어 진정으로 한강 물길을 따라 걸었다고 할 수가 없다는 생각이 들었다. 그래서 꼭 이 길을 걸어야 한다는 것은 절대적인 일이 아닐 수 없었다. 비록 지금은 걷지 못하더라도 다음에 길을 꼭 알아서 다시 오겠다는 마음의 기약을 하고 태백 집으로 향할 수밖에 없었다. 어름치 마을에서 태백으로 돌아가는 길은 교통도 불편했다. 어름치 마을에서 시내버스로 평창으로 가서, 그곳에서 다시 영월행 버스를 탄 후에 영월에서 태백으로 오느라 네 시간이 걸리는 어려움이 있었다.

그러다 보니 이 구간을 접어두고 문산에서 한강이 끝나는 인천 서해갑문까지 갔더라도 한강길을 완주했다고 할 수가 없어서 이 구간을 생각하면 늘 마음 한구석이 응어리진 것처럼 서운하고 아쉬운 그 무엇이 가슴에 남아 있었다. 하지만 그때는 길을 찾을 수가 없어서 문산으로 가는 길을 걸을 수가 없었기에 당시에는 어름치 마을에서 문산까지 가는 길을 생략하고 문산에서부터 다음 길을 출발했었다.

8일 차
어름치 생태 마을~문산

죽음의 문턱까지 갔던 위험한 문산길

그러다가 한강길을 완주한 후에 다시 문산으로 와서 어름치마을로 가는 길을 알아보기로 하고 문산에 오래 사신 분에게 물어보니, 오랫동안 심마니를 하시는 분이 있다고 해서 수소문 끝에 나이 70세 정도 되신 심마니를 만나게 되었다. 이 심마니께서는 약초도 캐러 다니시지만, 야생동물도 포획하러 다니는 분이셨다. 이 분의 도움을 받아 문산에서 어름치 마을로 가는 길을 안내받아서 마음의 짐이었던 그 길을 걷게 되었다.

한강을 완주하고 3개월이 지나서 아침 일찍 영월 문산으로 가서 문산대교 밑에 차를 세워두고 동강을 끼고 산자락을 돌아갔다. 강을 건너지 않으면 산을 탈 수밖에 없어 산으로 올라갔는데, 지금 이 글을 쓰는 순간에도 그때를 생각하면 아찔하면서도 머리가 서늘

해지는, 위험천만한 등반이었다고 생각한다. 산의 경사가 거의 80도 정도 되고 곳곳에 물이 흘러서 낙엽이 젖어 있는 곳을 기어서, 때로는 낮은 포복으로 이 나무 저 나무 붙잡고, 때로는 기존에 설치해 놓은 밧줄을 잡고 올라가야만 했다. 밑을 내려다보니 거의 낭떠러지 수준이었다. 원래 산이 이어져 있는 산은 그래도 경사가 완만하지만, 강을 끼고 도는 산은 엄청나게 가파르고 오랜 비바람에 절벽을 이루는 곳이 많다. 그래서 이 길은 정말 위험하기 이를 데가 없어 신경을 곤두세우고 가야 했다.

절벽 건너편 마을은 뼝창 마을이라고 불리는 동네라고 한다. '뼝창'은 정선 사투리로 절벽을 이르는 말이다. 이 뼝창 마을에 대한 안내판이 문산에 있었는데, 동강

사람, 산, 강이 어우러진
뼝창마을에 오신 걸 환영합니다.

이 곳 뼝창마을은 1km의 뼝창(절벽을 이르는 강원도 사투리)으로 돌아나가는 절경이 일품으로 아름다움이 굽이치는 동강변에 자리하고 있는 강변마을입니다. 절벽을 깎아 닦은 험한 길인 독진베리(베리:언덕을 이르는 강원도 사투리)나 뼝창 탐방로에서 내려다보는 마을 풍경은 눈길이 닿는 곳마다 절경으로 비경의 고장이라고도 불립니다.

의 절벽을 깎아 닦은 험한 길을 독진베리(베리: 언덕을 이르는 강원도 사투리)라고 한다고 되어 있는 말에서 지금 걷는 이 길의 험난함을 미루어 짐작할 수 있었다.

그렇게 해서 독진베리를 두 시간 정도 헤매면서 산의 9부 능선 정도 올라가니 토끼가 다니는 길이 아닌가 싶을 정도로 흐릿한 길을 발견했다. 그 길을 따라 30분 정도 걸으니 좁은 등산로를 만날 수가 있었다. 그제야 안심이 되면서 천천히 30분 정도 걸어 내려가니 어

름치 마을이 보이고, 길 먼발치에는 규모가 꽤 큰 한우농장도 보였다. 가벼운 마음으로 내려가서 어름치 마을에 도착해서 시간을 보니 3시간 정도 소요가 된 것 같았다. 어름치 생태박물관 밑에서 간단한 식사를 마치고 다시 그 길을 짐작하며 되돌아가기로 했다. 다시 그 길을 가야 한다고 생각하니 마음도 무겁고 답답한 생각도 들었지만, 그 위쪽 길을 개척하면 되리라는 생각이 들어서 용기를 내기로 했다. 용기를 내서 한 번 왔던 길이라 생각하니 되돌아 올라가는 길은 마음이 비교적 가벼웠다.

🔖 마두미 등산로의 운중사

일반도로가 끝나는 길에서 왼쪽으로 과수원을 끼고 들어가니 산으로 올라가게 되는데 폭이 좁은 등산로였다. 아까 걸어왔던 절벽으로 가는 길은 너무 위험할 것 같아서 문산으로 되돌아가는 길만은 산 정상으로 올라가서 가기로 했다. 산길 폭이 좁아 길을 잃어버릴 수도 있을 것 같아서 정신을 바짝 차리고 올라갔다. 가파른 길을 따라 한참을 올라가니 산 정상에 '마두미 등산로'라는 이정표가 있었다. 이정표를 따라 왼쪽으로 돌아가는 길을 가다 보니 작은 개울이 나왔고, 그 개울을 지나자 집 한 채가 나오면서 오른쪽으로는 운중사 절로 가는 길이 있었다. 계속 앞으로 가는 길은 경사가 심한 산길이 나와서 운중사로 가는 길로 들어섰다. 절에 들어서자 무릉도원에

온 듯한 느낌을 줄 정도로 아름다운 폭포가 있었다. 웅장한 광경이 눈 앞에 펼쳐지면서 신선이 사는 듯한 환상적인 모습에 감탄이 절로 나왔다. 하지만 운중사는 더 이상 갈 수 있는 길이 없는 막다른 곳이어서 왔던 길로 다시 돌아 나와야만 했다. 운중사에 계시는 스님에게 문산으로 가는 길을 물어 다시 되돌아 나와서 처음 운중사로 들어갔던 세 갈래 길에서 가파른 오른쪽 길로 올라가서 한 시간 정도 계곡을 따라 내려오니 동강이 보이면서 아름다운 경치가 발아래 펼쳐졌다.

이곳에서 바라다보이는 그 경치는 아름답지만, 강을 따라 거의 절벽으로 이루어진 길이어서 걷기에는 최악의 길이다. 절벽 아래 있는 동강의 아름다운 경치에 취하면서 한 시간쯤 더내려가니 밭이 나오면서 평지가 나타났고, 그 길을 따라 20분쯤 걷다 보니 문산대교가 보였다.

문희마을에서 문산까지의 이 길은 한강길을 계속 이어서 걸은 것이 아니라, 한강길을 완주한 후에 다시 길을 안내받아 반대 방향에서 갔다가 다시 되돌아 나온 길이다. 혹시 고성 삼거리에서 어라연 마을까지 걷기를 원하는 사람이 있다면 꼭 명심해야 할 일이 있다. 고성에서 거북이 마을을 거쳐서 칠족령을 지나 문희마을까지 와서 다시 문산을 거쳐 어라연까지 가는 길은 세상에서 가장 아름다운 길이라고 감히 말하고 싶다. 하지만 이 길을 걷고자 한다면 부디 안내자의 안내를 받은 후에 가는 것이 좋다. 한강을 완주하는 데 있어서 최대의 난코스이고, 동강을 옆에 끼고 트레킹을 하는 데 필수적인 코스이기는 하지만, 말로 할 수 없을 정도로 위험한 길이기도 하다. 특히, 가이드를 동반하고 이 코스를 걷더라도 비가 오는 날이나 흐린 날씨에는 절대로 걷지 않기를 당부한다. 보통 일반적인 산의 등반과는 다른 것이 강을 끼고 있는 산은 거의 절벽으로 이루어져 있어서 위험한 지역이 많다. 더욱이 풀이나 낙엽이 젖어있는 경우가 많아서 미끄러지면 아차 하는 순간에 목숨을 잃을 수도 있기 때문이다. 반드시 맑은 날을 택해서 가되, 충분히 안내를 받아서 가기를 당부, 또 당부한다.

🖊 래프팅 마을 영월 문산마을

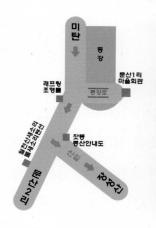

　영월의 문산은 영월 동강의 최상류라 할 수 있으며, 지금은 래프팅을 하는 곳으로 널리 알려진 곳이다. 문산 래프팅을 타는 곳에서 문산교를 넘어서 동강을 건너서 거운리 쪽으로 들어서니 오른편에 래프팅 배 조형물이 길가에 크게 자리 잡고 있었다. 조형물을 지나 언덕길 도로를 따라 10분 정도 올라가니 왼편에 장성산 등반 안내 표지판이 나왔다. 지금 걷고 있는 이 도로를 따라 계속 걸으면 거운리가 나온다고 하지만, 동강을 따라 걷기 위해서는 장성산으로 올라가는 것이 나을 듯싶었다. 장성산을 등반하면 동강을 보면서 걸을 수 있다고 하고, 무엇보다 어라연으로 가는 길이 나온다고 하는 말이 더 솔깃했다. 그래서 도로를 따라가지 않고 개울을 건너는 곳에 큰 돌로 놓인 징검다리를 건너 가파른 장성산 언덕길로 접어들었다. 산길은 제법 가파른데 한 시간 정도 올라가니 산 능선을 따라 걸을 수 있었다. 산 중턱에 설치된 전망대에서 문산 쪽 동강을 바라다보니 동강의 보

호를 받는 듯한 인상을 주는 문산마을이 한눈에 내려다보였다. 여기에서 바라다보는 문산마을의 모습이 쥐 엉덩이를 닮았다고 해서 문산은 '쥐궁둥이 마을'이라고 한다고 했다. 이곳에서 보는 경치는 또 하나의 장관이어서 한참을 머물면서 마음에 그 아름다움을 담았다. 전망대에서 떠나기 싫은 길을 재촉하여 오른쪽 험난한 장성산으로 올라갔다. 장성산 정상 가까이 가자 저 멀리 잣봉 너머에 있는 어라연 계곡 건너편 능선이 한눈에 펼쳐졌다. 그 모습은 보는 이로 하여금 감탄이 절로 나오게 했다. 비록 산길이 험해서 숨이 가쁘기는 했지만, 자연이 주는 아름다움에 취해서 걷다 보니 힘듦은 훨씬 줄어드는 느낌이었다.

📝 어라연과 전산옥

1867년, 대원군이 임진왜란 때 불타버린 경복궁 중건을 위해 어명을 내려서 정선의 낙락장송에 예단을 걸고 소나무를 베라고 했다. 벤 소나무를 한양으로 운송해야 하는데 그 먼 한양까지 운송할 방법은 오직 뱃길뿐이었다. 그래서 벤 소나무를 아우라지에 모아서 뗏목을 만들어 한양 마포 나루까지 가야만 했다. 그 당시 뗏목꾼들은 한양까지 운송한 소나무 떼를 팔아서 떼돈을 벌었다고 하는 옛이야기가 이 동강에는 지천으로 깔려 있다. 아우라지에서 한양까지 강가에 주막만 1,000개나 되었다고 하니 얼마나 많은 뗏목이 이곳을 지나 서울로 갔을까? 고단한 삶의 애환이 깃든 곳이라 생각하니 마음이 짠하게 저려왔다. 정선의 동강 아리랑에는 이 뗏목꾼들의 이야기가 곳곳에 묻어나온다. 특히, 그 뗏목꾼들은 이곳 어라연 쪽의 급한 여울을 지나면 잠깐씩 쉬어서 갔다고 하는데, 그들이 가장 많이 쉬어가는 유명한 객줏집이 바로 '전산옥'이라고 한다. "황새여울 되꼬까리 떼를 무사히 지나니 만진산 전산옥이야 술상 차려 놓아라."라는 아리랑의 가사처럼 빼어난 미모와 입심을 갖추고 정선아리랑을 구성지게 잘 불러 인기가 높았던 전산옥의 이야기가 지금도 어라연의 만지 나루터에 남아 있었다.

▲ 어라연 전경

"눈물로 사귄 정은 오래도록 가지만, 금전으로 사귄 정은 잠시 잠깐이라 네. 또 쓰던 사람이 돈 떨어지니 구시월 막바지에 서리 맞은 국화라 놀 다 가세요. 자다 가세요. 그믐 초승달이 뜨도록 놀다 가세요. 황새여울 된꼬까리에 떼를 띄워 놓았네. 만지산의 전산옥이야 술상 차려 놓게나. 아리랑 아리랑 아라리요, 아리랑 고개 고개로 나를 넘겨주소."

"놀다 가세요, 자다 가세요. 그믐 초승달이 뜨도록 놀다가 가셔요. 삼 수갑산에 등칡기는 앙글당글 지는데 우리 노는 좌석만큼은 앙글당글 안 지나. 우리가 살면은 한 오백 년을 사나? 살아생전에 술 담배 먹 구 놀다가 죽자. 산에 올라 옥을 캐니 이름이 좋아서 산옥이냐? 술상

머리에 부르기 좋아서 산옥이로구나. ㄱ에 ㄴㄷㄹ은 국문(國文)의 토
받침이요, 술집 갈보 열 손꾸락은 술잔 받침일세.
    아리랑 아리랑 아라리요, 아리랑 고개 고개로 나를 넘겨주소."

"산옥이의 팔은야 객주집의 벼개요, 붉은 입술은야 놀이터의 술잔일
세. 이만큼 저만큼 앉고 서래도 눈치만 빠르면 정분을 두네. 저 건너
저 산이 내 돈더미만 같다면 이 세상에 갈보 정담은 내가 다하지.
    아리랑 아리랑 아라리요, 아리랑 고개 고개로 나를 넘겨주소."

"돈 쓰던 남아가 돈 떨어지니 구시월 막바지에 서리 맞은 국화라. 술
잘 먹구 돈 잘 씰 적엔 금수강산 좋다더니, 또 돈 씨다가 뚝 떨어지니
적막강산일세. 국화꽃 매화꽃은 몽중에도 피지만, 사람의 신세가
                요렇게 되기는 천만의외로다.
    아리랑 아리랑 아라리요, 아리랑 고개 고개로 나를 넘겨주소."

"우리 집 서방님은 떼를 타고 가셨는데, 황새여울 된꼬까리 무사히
지나가셨나? 황새여울 된꼬까리 다 지났으니, 만지산 전산옥이야
                술상을 차려 놓게.
    아리랑 아리랑 아라리요, 아리랑 고개 고개로 나를 넘겨주소."

정선아리랑 곳곳에 이 동강을 지나던 뗏목꾼들의 이야기가 나오고, 특히 만지 나루터의 전산옥 객주는 뗏목꾼들의 인기를 독차지했다. 그러다 보니 전산옥은 뗏목꾼 아내들의 질투 대상이기도 했다.

힘들게 서울까지 뗏목을 끌고 가서 떼돈을 벌어서 객줏집 갈보의 치마폭에다가 모두 바치고 집에 돌아와서 찬 서리 맞은 국화꽃 신세가 되었다는 이야기들이 동강을 가득 메우고 있었다. 동강에 서린 수많은 이야기를 새기며 산 능선을 오르락내리락하면서 장성산의 정상표지가 나오는 곳까지 올랐다. 하산하는 길은 가파른 산길이어서 아주 조심스럽게 내려왔다. 산길을 거의 다 내려오니 밭이 나왔고 갈림길이 나왔다. 왼편으로 가면 만산과 어라연으로 가는 길이라고 하는데, 길이 얼마나 남았는지 짐작

이 되지 않아서 어라연 쪽으로 가지 않고 오른편으로 내려왔다. 내려오던 도중에 개 두 마리가 목줄을 길게 하고 매여있었는데 사람을 보자 심하게 짖었다. 길옆에 딸기와 뽕나무가 있어서 따 먹으면서 걸으니 힘도 덜 들었다. 내려오

다가 오래되어 쓰러질 것 같은 흙집이 나왔다. 여기에서 산길 오른쪽 언덕길로 올라가서 다시 내려가니 삼거리가 나왔다. 삼거리에서 오른쪽으로 길을 잡아 거운리로 내려왔다. 거운리에는 펜션과 민박집이 여러 군데 있어서 머물기는 괜찮을 것으로 보였다.

영월까지 부지런히 가서 머물까도 생각했지만, 시간이 조금 애매한 것 같기도 했다. 무엇보다 어라연에 가 보고 싶다는 생각이 들어서 2시간 정도 시간을 내어 어라연까지 걸어서 가기로 마음을 먹고, 해가 저물기 전에 어라연으로 발길을 돌렸다.

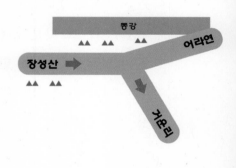

강을 따라 어라연까지 걷는 것은 조금은 평탄한 길이어서 부담은 없었다. 강을 따라 어라연 쪽으로 걷다 보니 전산옥 주막터도 만날 수가 있었다. 지금은 표지판만 남아 있지만, 근처의 산 밑에는 지금도 래프팅을 하는 사람들이 머물러 잠시 요기를 할 수 있는 집이 있었다. 한때 동강댐 건설 논란으로 전 국민의 이목을 집중시키면서 이 아름다운 동강 계곡이 수장될 수 있었다고 생각하니 아찔한 생각이 들었다.

김대중 정부 시절 자연환경보호를 주장하는 시민들과 주민들의 적극적인 반대로 댐 건설이 무산되었기에 지금 이 뛰어난 절경을 볼 수 있다 생각하니 다행이다 싶었다. 상선암이라 불리는 어라연의 아름다운 경치를 보노라니 신선이 내려와 놀았다는 옛 전설이 사실처럼 느껴지는 것 같았다. 잠시 어라연의 경치를 보며, 전산옥의 옛이야기와 정선아리랑으로 피로를 풀며 갈 길을 재촉하던 뗏목꾼들이 이곳을 지날 때 얼마나 행복했을까 하는 생각이 들었다. 해가 지는 어라연의 길은 또 다른 행복한 선물이었다. 거운리로 내려와서 어라연 송어 횟집에서 송어회 한 접시에 술 한 잔을 기울이니 어라연을 지나던 행복한 뗏목꾼의 마음이 되었다. 그렇게 동강의 아름다운 밤을 또 하루 보냈다.

🎣 어라연의 유래와 전설

거운리 민박에서 하루를 묵으면서 민박집 주인에게서 어라연에 대해 자세한 이야기를 들을 수가 있었다.

어라연이라는 이름을 얻게 된 데에는 두 가지의 설이 있다고 했다. 첫 번째는 예전에 이곳에 '어라사'라는 절이 있었는데, 그 절 이름을 따서 어라연이라고 불린다는 설이었다. 두 번째는 어라연에는 유명한 상선암, 하선암, 중선암, 두꺼비 바위가 있는데, 그중 상선암의 무수한 하얀 이끼들에 물이 차면 고기 비늘처럼 반짝여 고기가 비단을 입은 듯한 모습이어서 '고기 어(魚)' 자에 '비단 라(羅)' 자와 '연못 연(淵)' 자를 써서 어라연(魚羅淵)이라고 불린다는 설이었다.

어라연에 얽힌 전설은 다음과 같았다. 세조에게 억울하게 죽임을

당한 단종의 혼백이 영월 청령포를 떠나 떠돌다가 이곳 어라연의 비경에 빠져 다시 떠나지 못하는 측은한 혼백이 되었다고 한다. 그러자 어라연의 모든 물고기들이 일제히 물 밖으로 고개를 내밀고 눈물로 간청하며, 인제 그만 이곳을 떠나서 편히 쉬시라는 갸륵한 진언을 올렸다고 한다. 그래서 단종의 혼백은 그 물고기들의 정성스러운 모습에 감복하여 바로 그 길로 태백산으로 가서 산신령이 되었다고 했

다. 그 후 단풍이 붉게 물드는 시월 하순 상강 때쯤이면 반드시 비가 한차례 내리면서 단종의 혼백이 단풍마차를 타고 어라연을 꼭 방문하신다고 한다. 단종의 혼백은 물속 백성들의 알현을 받으며 그들의 갸륵한 정성과 노고를 높이 치하하기 위해 서리가 내리기 전에 고기들에게 꼭 필요한 만큼의 비를 내리게 한다는 전설이 지금도 전하고 있었다.

그 외에도 어라연 안내문에는 다음과 같은 전설도 있었다. 조선조 6대 임금인 단종대왕이 죽자, 그 혼령이 태백산 산신령이 되기 위하여 황쏘가리로 변해 남한강 상류로 거슬러 올라가던 중 경치 좋은 어라연에서 머물러 살았다고 한다. 그래서 어라연 상류 문산리에 사는 주민들은 지금도 단종대왕의 혼령인 황쏘가리를 어라연 용왕이라고 여겨 어라연 용왕을 모시는 용왕굿을 통해 마을의 안녕과 풍년을 기원하고 있다고 한다. 이곳의 황쏘가리는 어라연과 지역주민들을 지키는 수호자였다고 믿기에, 이곳 주민들은 황쏘가리를 먹지 않는다고 하는 이야기가 전하고 있었다.

10일 차
거운리~고씨동굴

🖊 영월 동강과 둥글 바위

거운리 민박집에서 숙식을 해결
하고 아침 일찍 길을 나섰다. 동강
을 건너기 위해 긴 다리를 건너 오
른쪽으로 방향을 잡았다. 강을 끼고
계속 내려오다 보니 강 건너편에는
석회암 동굴들이 여러 개 보여 이곳

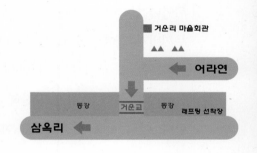

이 석회암 지역임을 알 수 있었다. 래프팅 가게가 즐비한 것으로 보
아 래프팅이 성행함도 느낄 수 있었다. 동강의 수량이 풍부할 뿐 아
니라 잔잔하게 흐르는 강물이 아름답고 강폭이 넓어서 6월부터 9월
까지 래프팅이 성황을 이룬다고 한다. 동강의 아름다움을 맘껏 느끼
면서 2시간 정도 걷다 보니 강 가운데 큰 바위가 보였다. 길가 안내
판에 '둥글 바위'라고 적혀 있었고, 전망대 아래쪽에는 둥글 바위 전
설이 다음과 같이 적혀 있었다.

옛날 옛적 삼옥마을 이씨 집안에 둥글이라는 착한 며느리가 살

앉다. 둥글이는 시아비의 병을 근심하여 잠을 못 이루자 신령이 나타나 일러주기를, "뻘건 강물이 나가면 강대 바위에 올라 치성을 올려라. 그러면 강 속에서 잉어를 물은 두꺼비가 올라올 테니, 그 잉어를 받아 약으로 쓰도록 하여라." 하였다고 한다. 이에 잠을 깬 둥글이가 밖을 내다보니 검은 하늘에서 벼락이 치는 것이 보였다. 급히 뛰어나가 강대 바위에 올라 울면서 기도하자, 불어난 뻘건 물속에서 두꺼비가 잉어를 물고 올라왔다고 한다. 이렇게 두꺼비에게 잉어를 얻어 약으로 쓰니 아비의 병이 낫게 되었다. 감사한 마음을 전하기 위해 강으로 가니 물은 잔잔해졌고, 두꺼비는 바위가 되어 버렸다고

한다. 이런 전설이 전해져서 이 바위를 둥글 바위라 한다고 적혀 있었다. 이 바위는 번재 마을에서 바라보면 둥글게 보인다 하여 '둥글 바위'라고 하지만, 아래쪽에서 바라보면 두꺼비가 잉어를 물고 있는 형상이어서 '두꺼비 바위'라고도 부른다고 했다.

둥글 바위를 지나 30분쯤 더 걷다 보니 터널이 나왔는데, 이 터널을 통해 영월로 나가면 빨리 갈 수 있다고 한다. 하지만 터널 오른쪽 옛길을 통해서 동강을 내려다보면서 걷기로 했다. 이 옛길은 문

산과 거운리와 삼옥리 주민들이 영월을 드나들었던 정겨운 이야기가 가득 담겨 있는 길이었다. 언덕을 넘어 고개 정상에 서자 붉은색의 동강 철교가 보이는데, 이 철교가 동강을 건너는 38번 국도의 동강 다리였다. 뒤편을 보니 지나온 동강의 모습이 그림처럼 펼쳐지면서 동강의 수많은 전설을 나그네에게 전해주고 있었다. 언덕길을 내려와서 석항천에 놓인 덕삼교 다리를 건너 동강을 따라 제방 둑길로 걸었다.

🖌 영월 금강정과 라디오스타

제방길 왼편에는 영월역이 보이고, 오른쪽 강 건너편에 정자가 하나 보였다. 세종 때 세워졌다가 불탄 뒤 숙종 때 복원되었다고 하는 금강정이었다. 금강정에서 동강을 바라보면 수놓은 강을 보는 듯해서 금강정이라고 했다고 한다. 이 금강정 옆에는 금강공원이 조성되어 있는데, 이곳은 역사적으로 기념이 될 만한 것들을 간직하고 있다고 한다. 난고 김삿갓 시비(詩碑)가 있고, 항일의병장 김대억 의사(義士) 순국비가 있다. 또 2003년에 세종기지에서 동료를 구하려다가 대신 순직한 전재규 의사(義士)의 기념비가 있는 곳으로서, 역사의 아름다운 이야기를 많이 간직하고 있는 곳이다. 더욱이 금강정 왼편에는 민충사라는 특별한 사당이 있다. 이 사당은 단종이 사망했을 때 그를 따르던 종과 시녀들이 이곳 낙화암에서 동강을 향해 몸을 던져서 죽었는데, 신분의 차이로 인해 이들을 장릉에 모실 수가 없어서 이곳 금강정 옆에 민충사라는 사당을 만들어 제사를 지내고 있다고 한다. 금강공원에는 영화 『라디오스타』의 촬영지인 영월 방송국도 있어서 많은 이들이 이곳을 찾고 있다고 한다. 특히, 벚꽃이 필 때 예쁜 곳이라고 해서 봄에 다시 한번 찾으리라 마음먹었다.

이런 가슴 시린 역사의 이야기를 새기며 계속 걸어가니 영월 시내로 들어가는 다리가 두 개 보였다. 처음 만나는 다리는 영월대교로서 예전에 영월 시내를 건너던 다리라고 하고, 두 번째 다리는 새로 건립해서 만든 동강대교라고 한다. 새로 만든 동강대교는 단종과 관련된 이야기를 건축물에 담아서 만들었다고 한다. Y자형의 주탑에 사육신을 상징하는 여섯 개의 들보가 놓여 있는 사장교로서 특히 밤에 보는 야경이 멋있다.

🖊 단종의 애사(哀史)가 담긴 영월

영월은 이 동강을 중심으로 왼쪽 영월역이 있는 곳이 덕포리이고, 다리를 건너서 길을 중심으로 왼편은 하송리, 오른편은 영흥리,

이렇게 세 곳으로 나뉘어 있다고 한다. 영흥리가 예전에 중심지라고 한다면 지금은 하송리에 아파트 단지가 들어서면서 서울의 강남과도 같은 곳이 되었다고 한다. 그래서 군청, 법원, 학교 등과 같은 관공서는 주로 영흥리에 있고, 예전 유적지들도 주로 영흥리에 자리 잡고 있다고 한다. 영월의 중심 산은 봉래산인데, 금강산의 여름 산 이름과 똑같은 이름을 가지고 있는 산으로서, 여기에 별마로천문대가 세워져 있다. 별마로천문대는 일반인들이 별도 관측할 수 있고, 활공장이 있어서 패러글라이딩도 할 수가 있는 곳이다. 예전에 별마로천문대에 올라서 천문대 옆 활공장에서 영월 시내를 내려다본 적이 있었는데, 영월이 한 마리의 나비 형상으로 보였었다.

동강대교를 지나 내려가다 보면 두 개의 강이 합쳐지는 것이 보이는데 이곳이 동강과 서강이 합쳐지는 합수머리라고 한다. 여기에서부터 강은 영월강이라고 불린다. 하지만 이 영월강이 남한강의 상류가 되는 지점이기에 여기서부터 공식적으로 남한강이라는 이름으로 불리기 시작한다.

영월의 서강은 주천과 평창에서 내려오는 물이 한반도 지형을 가장 닮았다고 하는 한반도 마을을 가로질러 내려오는 강이다. 서강은 단종의 유배지이면서 단종이 마지막 죽음을 맞았던 청령포를 지나 이곳 합수머리까지 오는 강이다. 영월 서강은 단종의 가슴 아픈 전설을 간직한 슬픈 강이면서도 영월 엄씨의 시조가 되는 엄흥도의 충절을 안고 있는 충절의 강이기도 했다. 단종이 청령포에서 사약을 받고 죽자 세조는 단종의 시신을 거두지 말라고 명하였는데, 영월에서 호장을 하던 엄흥도는 임금을 그렇게 방치할 수 없다며 자신의 두 아들과 함께 강을 헤엄쳐 건너가서 단종의 시신을 거두어서 지금의 장릉에 모셨다고 한다. 그래서 조선의 왕릉 중 유일하게 경기도 밖에 있는 묘인 장릉은 현재 유네스코 문화유산에 등재될 정도로 큰 문화유적이 되었다. 단종의 슬픈 원혼은 이 서강을 따라 한강까지 흐르고 흘러 한양 땅에 이르러서 그토록 그리워하던 정순왕후와 만나지 않았을까?

단종의 슬픈 전설을 다시 한 번 새기면서 합수머리를 뒤에 두고 푸른 영월강을 따라 걸었다. 아름다운 꽃으로 꾸며진 제방길을 걷다 보니 영월농업기술센터와 야구장이 왼편에 보였다. 여기에서 조금 더 나가면 왼편으로 영월 시내를 다시 들어가는 길이 나온다. 하지만 그 길로 가지 않고 이곳에서 계속 직진해서 강을 따라 걸었다.

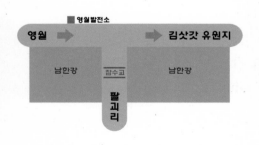

1시간 30분쯤 도로가 절벽처럼 펼쳐진 길을 걸으니 옛 영월화력발전소가 나오는데, 지금은 LNG를 이용한 복합화력발전소로 바뀌었다. 이곳을 지나 오른편 강 쪽으로 바라보니 강을 가

로지르는 잠수교가 보였다. 잠수교를 건너 계속 가면 팔괴리가 나오

고, 우리나라 100대 산 중의
하나인 태화산이 나온다고
한다. 지금은 팔괴리에 새로
운 도로가 생겨서 고씨동굴
로 가는 자동차 전용도로가
나 있다고 한다. 하지만 발전

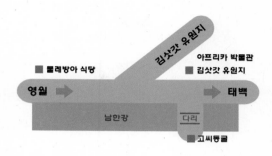

소에서 계속 직진하면 예전의 고씨동굴로 가는 길이 있어서 그 길을

따라 걸었다. 이름이 예쁜 황새여울 민박집을 지나 계속 걷다 보니 길

왼편에 물레방아가 보이면서 물레방아 쉼터라는 곳이 나왔다. 이곳에

서 시원한 물 한 잔을 마시고, 영월강을 끼고 아름다운 경치에 취해

서 정신없이 걸었다. 걷다 보니 멀리 다리가 보이고 오른편에 유원지가

보였다. 이곳은 예전에 고씨동굴 유원지라고 불리던 곳으로서, 지금은

김삿갓 유원지라고 되어 있었다. 이 마을 이름도 최근에 김삿갓면으로

바뀌면서 유원지 이름도 바뀌었다고 한다. 예전에는 이곳에서 강을 건

널 때 배를 타고 줄을 잡아당기면서 강을 건너 고씨동굴에 들어갔었

다. 하지만 지금은 큰 다리를 만들어서 바로 고씨동굴로 걸어서 들어

갈 수 있도록 만들어 놓았다. 임진왜란 당시에 고씨들이 이 동굴로 피

난을 가서 난을 피했다는 전설이 전하는 고씨동굴은 우리나라에서

가장 아름다운 동굴로도 유명하다. 이곳 영월은 석회암지대여서 유독

동굴이 많다. 그 중에 일반인들에게 공개되는 가장 유명한 동굴이 이 고씨동굴이라고 한다. 영월은 무려 17개의 박물관이 건립되어 있어 박물관의 도시라고 불린다고 한다. 그래서 박물관의 도시를 그냥 지나칠 수 없다는 생각이 들어서 김삿갓 유원지 안에 있는 아프리카미술박물관을 둘러보았다. 날이 저물고 있어서 김삿갓 유원지에서 하룻밤을 묵기로 했다. 이곳은 칡국수가 유명하다고 해서 칡국수와 도토리묵을 안주 삼아 막걸리 한 잔을 했다. 영월강의 물소리를 들으면서 지나온 동강의 아름다운 추억을 새기다가 잠이 들었다.

11일 차
고씨동굴~단양

북벽과 온달산성

　하룻밤 묵은 김삿갓 유원지 모텔에서 배가 고파 강가에 나와서 새벽에 라면을 끓여 먹고, 동도 트기 전 4시 반쯤에 출발했다. 오늘은 단양까지 32km 이상 가야 하는 꽤 긴 여정이 될 듯싶어 서둘러 길을 나섰다. 유원지에서 출발

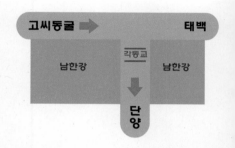

해서 20분쯤 가니 직진을 하면 상동과 태백으로 가는 길이 나왔다. 하지만 단양으로 가기 위해서는 오른쪽 영월강을 건너는 각동교를 건너야만 했다. 긴 각동교 위에서 태백 쪽을 바라보니 영월강으로 꽤 큰물이 합쳐지는 것이 보였다. 옥동천이라 불리는 하천은 태백산에서 흘러내린 물이 상동을 거친 물과 내리계곡에서 흘러내린 물이 합쳐지고, 다시 김삿갓 계곡에서 흘러내려 온 물과 합쳐지는 남한강의 지류이다. 옥동천은 이곳 각동교에서 영월강과 합쳐서 남한강이 되어 흘러가게 된다. 이 각동교를 건너서부터는 영월강이라는 명칭이 완전히 사라지고, 남한강이라는 명칭으로만 불리게 된다.

각동교를 건너서 30분쯤 걸어가니 '남한강래프팅'이라고 하는 래프팅야영장이 나왔다. 이곳에서 래프팅을 시작해서 조금 후에 도착할 북벽이라는 곳에서 끝난다고 한다. 수량이 풍부해서 수많은 사람들이 래프팅을 즐기는 곳이겠구나 싶었다. 래프팅야영장을 지나서 다시 언덕길을 오르니 고갯길에 돌탑이 보였다. 돌탑에서 내려다보

는 남한강의 모습은 또 하나의 장관을 이루었다. 고갯길을 넘어서 내려오니 상리교차로라는 곳이 나오는데 왼편 강 건너편에 웅장한 절벽이 보이고, 강 이쪽 편에는 큰 주차장이 있어서 그리로 들어

서니 이곳이 북벽이라고 했다. 북벽은 강 옆에 보이는 절벽을 일컫는 것인데, 북벽 아래 흐르는 남한강의 모습은 한 폭의 그림 같았다. 잠시 북벽의 아름다움에 취하다가 다시 상리교차로로 나와서 왼편 길로 계속 가니 북벽교라는 다리를 건너게 되었다. 북벽교를 건너 영춘이라는 마을에서 늦은 아침 식사를 했다. 식사를 한 곳은 단양식당이라는 곳인데, 주로 농사일을 하거나 막일을 하는 사람들이 아침 식사를 해결하는 곳이라고 했다.

아침을 먹고 영춘 시내를 벗어나니 바로 영춘교교차로가 나왔다.

이곳에서 직진하면 옛날에 고구려의 평강공주와 바보온달의 전설이 있는 곳이 나온다. 온달이 평원왕의 사위가 되어서 신라와 싸우려고 이곳에 산성을 지어서 싸움을 하다가 장렬하게 전사를 했다고 하는 온달산성으로 가는 길이라고 한다. 지금은 온달산성 아래 온달 관광지를 만들어서 고구려의 문화를 전시하고 있다고 한다. 영춘교교차로에서 온달산성 쪽으로 향하지 않고 영춘교를 건너서 단양 쪽으로 방향을 잡았다.

영춘교를 건너서 바라보니 강 건너 저편에 온달 관광지와 온달산성이 보였다. 온달의 전설을 뒤로한 채 강을 따라 걷다 보니 그림 같은 남한강의 모습이 보였다. 이곳은 차를 타고 지나가거나 걷는 것만으로도 관광이 되겠구나 싶은 생각이 들 정도로 멋진 풍광을 지니고 있었다. 멋진 경치가 끝나는 지점에 군간교 삼거리가 나왔다. 오른쪽으로 가면 제천으로 가는 길이고, 군간교를 건너면 단양으로 가는 길이어서 군간교를 건넜다. 군간교 다리에서 바라보는 남한강의 모습은 말로 표현할 수 없을 정도로 아름다운 비경이었다. 해가 지는 때에 이곳을 지나면 진짜 장관이겠구나 싶었다. 군간교를 지나자 민물매운탕 식당들이 이어져 있었다. 이곳의 매운탕은 유명한 곳이어서 지나치기가 참 아쉬웠다. 하지만 아침을 늦게 먹은 탓도 있고, 갈 길이 멀어서 아쉬운 마음을 뒤로하고 그냥 지나칠 수밖에 없었다.

🖊 남한강 갈대밭 길과 가곡 갈대밭 축제장

한 시간쯤 걷다 보니 강가에 갈대밭이 이어지는 것이 눈에 띄었다. '남한강 갈대밭 길'이라고 쓰여 있는 표지판을 보면서 걸으니 푸른 갈대와 강물이 잘 어울리는 느낌이었다. 가을에는 영화 같은 장면이 연출되어 우리나라 걷기 좋은 길 중의 하나로 되어 있다는 안내 표지를 보니 가을에 와서 걷고 싶다는 생각이 들었다.

▲ 가곡 새별공원의 가을 풍경 (매년 가을이면 이곳에서 갈대밭 축제가 열린다.)

남한강 갈대밭 길을 내려다보면서 걷다 보니 가곡면이 나왔다. 가곡면사무소 앞에 '고운골 남한강 갈대숲'이라는 곳이 보이는데, 많은 느티나무를 끼고 데크 길을 조성해 두었다. 바위에 새별공원이라고 새겨져 있었는데, 큰 느티나무가 죽 늘어서 있는 곳으로 데크 길을 조성해 둔 것이 인상적이었다. 데크 길에서 내려다보니 멋진 갈대밭이 한눈에 들어왔다. 가을에는 가곡 갈대밭 축제가 열리는 곳이라고 했다. 갈대밭 사이로 걷는 길도 조성해 두어서 가을에는 정선의 민둥산 못지않게 멋진 길이 될 것이라는 생각이 들었다. 데크길 옆으로 남천을 심어두었는데 김춘수의 「남천」이라는 시의 소재가 된 나무여서 김춘수의 시 「남천」을 떠올리며 점심을 먹었다.

이름처럼 아름다운 가곡의 새별공원을 뒤로하고 다시 길을 나섰다. 10여 분쯤 걸어가니 가곡교차로가 나왔는데, 이곳에서 오른쪽으로 다리를 건너서 가면 도담삼봉으로 가는 길이 나오지만, 직진을 하면 강을 따라 단양 시내로 가서 도담삼봉으로 가는 길이라고 한다. 어떻게 할까 망설이다가 강을 따라 직진해서 단양으로 가는 것이 한강길을 걷는 의미가 더 있을 것 같아서 그냥 강을 따라 걸었다. 남한강을 따라 걷는 길이 호젓하게 아름다워서 시간 가는 줄 모르고 걸을 수 있었다. 가곡에서 갈대밭이 이어지는 남한강 길을 따라 흥겹게 두 시간 정도 걷다 보니 긴 언덕길이 나왔다.

🖊️ 단양 패러글라이딩 활공장

언덕길에 들어서니 하
늘 위로 패러글라이딩을 하
는 사람들이 보였다. 언덕길
을 올라가다 왼쪽을 보니 산
으로 가는 도로가 보이는데,
이 도로로 올라가면 패러글
라이딩 활공장이 나온다.

▲ 활공장 정상에서 바라본 남한강

　예전에 차를 가지고 활공장까지 올라간 적이 있었는데, 단양 활
공장으로 가는 산 곳곳에 예쁜 펜션들이 즐비하게 있었다. 그 많은
펜션들이 될까 싶었지만, 여름에는 한 달 전에 예약이 다 끝난다고
할 정도로 사람들이 많이 찾는 명소이다. 활공장에서 내려다보는 남
한강의 모습은 지금도 잊을 수 없다. 버킷리스트에 이곳에서 반드시
패러글라이딩을 할 것을 기록해 두었다. 그 정도로 멋진 단양 활공

장을 머릿속에 떠올리면서
직진해서 언덕길을 계속 걸
었다. 고개 아래 남한강이 보
이는 풍경을 보면서 고갯마
루를 넘어 굽이굽이 구불구
불한 길을 내려가니 바로 남

▲ 단양 시내 전경

한강 옆에 단양 시내가 동화처럼 펼쳐져 있었다. 유럽의 어떤 마을에 들어선 느낌을 받을 정도로 붉은 고수대교와 남한강과 단양 시내의 모습이 참 잘 어울렸다. 언덕길을 내려가니 시내로 들어가는 고수대교 앞에 단양관광안내소가 있어서 이곳에 들러서 단양에서 청풍으로 가는 길과 도담삼봉으로 가는 길을 자세히 알아보고 고수대교를 건넜다.

✎ 도담삼봉과 정도전

고수대교를 건너서 왼편으로 가는 것이 바른 일정이다. 하지만 일정이 바쁘다고 해도 단양에서 도담삼봉을 보지 않고 간다면 후회가 될 것 같았다. 더욱이 오후 시간이 애매해서 이곳 단양에서 일정을 마치는 것이 좋을 듯 싶어서 고수대교에서 1시간

20분 정도 걸으면 되는 도담삼봉으로 향했다. 남한강을 따라가는 길이라서 경치도 멋지고 길을 찾기도 어렵지 않게 되어 있었다. 오른쪽에 남한강을 끼고 500m쯤 가다 보니 단양 생태 체육공원이 보였다.

공원 옆 경비행기 활공장과 어우러진 강변 경치가 참 아름다웠다. 도로를 따라 걷다 보니 도담삼봉 터널이 나왔다. 터널을 지나자 바로 삼봉교가 나왔는데, 삼봉교 위에서 바라보는 도담삼봉이 색다른 모습으로 펼쳐져 있었다. 다리를 건너서 도담삼봉 관광지에 들어서니 많은 관광버스와 차량이 있었다. 관광지에 들어서자 도담삼봉의 풍경이 사진처럼 펼쳐지며 우아한 자태를 뽐내고 있었다. 삼봉은 3개의 기암으로 이루어져 있으며, 가운데 봉우리가 가장 높고, 큰 봉우리 허리쯤에 정자가 있어 절경을 구경할 수가 있게 되어 있었다. 조선왕조의 개국공신인 정도전이 이곳에 정자를 짓고 이따금 찾아와서 경치를 구경하며 풍월을 읊었다고 하는 얘기가 전해지고 있었다. 그래서 이곳에는 정도전의 동상이 세워져 있고, 정도전의 전설이 남한강을 따라 현재까지 전해지고 있었다.

이곳 충북 단양군 단양읍에 도전리라는 동네가 있는데, 이곳 도전리는 조선 초기의 학자이며 개국 일등공신인 정도전(鄭道傳)이 태어난 곳으로, 도전(道傳)이란 글자가 뒤에 도전(道田)으로 바뀐 것이라고 한다. 실제로 정도전이 태어난 곳은 경북 영주라는 설이 정설로 되어 있지만, 충북 단양은 정도전의 외가가 있던 곳으로, 외가인 단양에서 태어났을 가능성도 배제할 수는 없다고 한다. 참고로, 현재 정도전 생가는 경북 영주시에 있고, 정도전 기념관은 경기도 평택시에 있다고 한다.

　도담삼봉의 세 봉우리 중에 가장 높은 가운데 봉우리를 남(男)봉
이라 부르고 나머지는 처봉과 첩이라 하는데, 본처에게 아이가 없으
므로 남편이 첩을 얻어 아이를 갖게 되었다고 한다. 그래서 북쪽 첩
봉은 불룩해진 배를 내밀고 가운데 남편을 향해 교태를 부리는 모
습이고, 남쪽 봉우리인 처봉은 남편에게 등을 돌리고 토라져 앉아
있는 모습이라는 것이다. 정도전은 이곳에 있을 때 늘 이 봉우리에
와서 놀았으며, 삼봉(三峰)의 이름을 따서 자신의 호로 삼았다고 한
다. 물론, 정도전이 지은 『삼봉집』에는 삼봉이 서울 삼각산의 세 봉
우리를 일컫는 삼봉에서 따왔다고 되어 있지만, 이곳 단양에서는 그
런 전설이 전한다고 되어 있었다.

　이 전설 외에도 또 다른 전설도 전하고 있었다.

　옛날에 단양에서는 정선군에 세금을 냈다고 한다. 그 이유는 강
원도 정선군에 있던 '도담삼봉'이 홍수에 떠내려와 단양에 있게 되었

기 때문이었다고 한다. 그래서 정선군에서는 '도담삼봉'은 원래 정선의 것이니 세금을 내라 하고는 매년 꼬박꼬박 세금을 받아갔다. 단양 사람들은 억울했지만, 세금을 낼 수밖에 없었다. 그러던 어느 해, 어린 정도전이 세금을 거두러 온 정선 관리에게 "올해부터는 세금을 내지 않겠습니다."라고 하자, 정선에서 온 관리는 "뭐라고? 남에 땅에 있던 소중한 산을 차지하고도 돈을 안 내겠다고?"라며 화를 냈다고 한다. 그러자 어린 정도전은 "우리가 도담삼봉에게 정선에서 떠내려오라고 한 것도 아니지 않습니까? 우리는 세금을 낼 수 없으니 도담삼봉이 그렇게 소중하면 도로 가져가시지요." 이렇게 말하는 어린 정도전의 말을 들은 관리는 할 말이 없어 머리를 싸매고 돌아갔다고 한다. 그 후로 단양은 세금을 내지 않게 되었다고 하는 전설이 전한다는 얘기를 뒤로하고 발길을 돌려 오던 길로 고수대교 쪽으로 향했다. 고수대교 앞 시외버스터미널에서 버스를 타고 집으로 향했다. 다음 일정은 이곳에서 출발하리라 마음먹고 버스에 피곤한 몸을 실었다.

✎ 단양의 장미꽃 길

직장 생활을 하면서 한강길을 완주한다는 것이 한 편으로는 무리인 듯싶기도 했지만, 한 달에 한 주 이상 시간을 내서 걷다 보니 주말에 걷지 않으면 오히려 마음이 불편해지는 느낌도 드는 때도 있었다. 걷는 것이 육체적으로는 힘도 들기는 했지만, 정신적으로는 휴식의 시간이 되기도 했다. 걸으면서 생각을 정리할 수도 있는 시간이 되기도 하고, 일상에서 쌓인 스트레스를 툭툭 털어버릴 수 있는 시간이 되기도 했다. 어떨 때는 아무 생각 없이 멍하니 걸을 때도 있고, 때로는 아름다운 경치에 취해서 걷기도 했다. 또 어떤 때는 지난 과거를 되새겨보는 시간이 되기도 하고, 어떤 때는 나 자신을 돌아보고 반성하는 시간이 되기도 해서 걷는 것은 참 좋은 일이라는 생

각도 들었다. 세상 모든 일이 다 그렇듯이 힘든 일을 겪지 않으면서 보람을 찾는다는 것은 있을 수 없는 일이다. 이것이 이렇게 걸으면서 얻은 가장 큰 깨달음이었다.

토요일 아침 첫차를 타고 단양에 도착해서 청풍을 향해 걸었다. 고수대교 옆 버스터미널에서 내려서 왼편 강을 끼고 걸음을 시작했다. 남한강을 왼편에 끼고 도보 길로 어느 정도 가다 보면 패러글라이더를 정리하는 것을 볼 수 있어서 또 하나의 볼거리를 보는 느낌이었다. 그곳을 지나자 약 4km 길을 나무로 만든 도보 길에 장미 넝쿨이 설치되어 있었다. 장미가 활짝 피는 계절에 걷는다면 장미 향에 가득 취해서 걷겠구나 싶은 생각이 들었다. 여름이 되기 전에 꼭 한 번 와야겠다고 마음먹었다. 1시간 반 정도 걸으니 삼거리가 나왔다. 오른쪽은 북제천 IC로 가는 길이고, 왼편은 상진대교를 건너서 충주 영주 방면으로 가야 하는 길이었다. 상진대교 바로 옆에는 기차 철교도 보였다. 충주방면으로 가야 했기에 상진대교로 올라갔다. 상진대교에 서서 남한강을 내려다보는 광경도 멋진 장면이었고, 그곳에서 보는 단양 시내의 모습도 일품이었다. 상진대교를 지나니 바로 왼편에 단양역이라는 이정표가 보였고, 계속 직진해서 시내를 약간 벗어나니 별도의 도보 길이

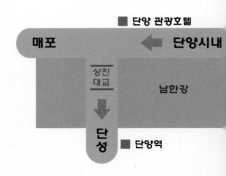

없었다. 더욱이 도로를 넓히는 공사를
하느라 상당히 어수선해서 달리는 자
동차를 조심하면서 걸었다. 1시간 정
도 걸으니 왼편으로 단성역을 만나게
되었다. 여기에서 30분 정도 걸으니 왼
편에 갈색의 간판이 보였다. 오른편으

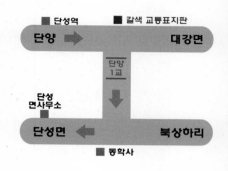

로 충주로 가는 길을 안내하고 있었다. 오른편 단양1교라는 다리를
건너니 다시 삼거리가 나와서 단성면 쪽으로 걸었다. 이 길은 긴 언
덕길로 이어졌지만, 가로수가 우거진 도보 길이 있어서 걷기가 좋았
다. 정상에서 500m쯤 내려오니 다시 삼거리가 나왔다. 오른쪽은 단
성면으로 가는 길이어서 중앙슈퍼가 있는 왼쪽 길로 들어섰다. 길을
따라가다 보니 왼편 산언덕을 시멘트 담으로 막았는데, '아름다운
고향'이라는 글과 함께 예쁜 그림으로 채워

놓은 것이 인상적이었다. 예쁜 그림은 단성중
학교 담벼락에도 이어졌는데 참 좋은 맘으로
보면서 걸을 수가 있었다. 조금 더 걷다 보니
다리가 나왔고, 다리를 건너니 다시 삼거리가
나왔다. 왼편은 문경과 상선암으로 가는 길이
었고, 오른편은 충주와 수산, 구담봉과 옥순
봉으로 가는 길이어서 오른편으로 들어섰다.

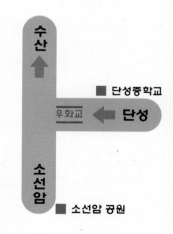

오른편으로 들어서자마자 '매운탕 명가'라는 큰 식당이 있었지만, 아직 점심시간이 되지를 않아서 아쉬움을 안고 조금 더 걷기로 했다. 가로수가 우거진 언덕길로 들어서니 한적한 시골길을 걷는 느낌이어서 기분 좋게 걸을 수가 있었다. 언덕길 정상쯤에 수산 15km라는 이정표가 보여서 오늘 일정이 많이 남지 않은 것 같아 더 힘을 내서 걸을 수가 있었다. 언덕을 넘어서자 호반식당 휴게소가 나오는데 그곳을 지나 계속 직진했다. 조금 더 걷다 보니 지치기도 하고 배도 고프고 해서 식당이 있는 곳에서 식사하기로 했다. 길 왼편에 선암계곡 들어가는 곳에 시원한 도토리 묵밥을 파는 곳이 있어서 묵밥과 막걸리 한 잔을 마시니 신선이 되는 기분이었다. 다음 숙박지로 마음먹은 청풍까지는 여유가 있었지만, 청풍에 도착해서 그곳을 둘러보고 싶은 욕심에 길을 서두르기로 했다.

옥순봉 가는 뱃길 장회 나루

점심을 먹고 벼루봉 주유소를 지나서 꽤 긴 재를 넘어야만 했다. 재로 이어지는 길은 월악산 국립공원이라 예쁜 경치가 펼쳐져서 지루하지는 않았다. 오른편으로는 절벽 아래 간간이 보이는 남한강의 풍경이 예쁘게 펼쳐지곤 해서 친구들과 함께 이곳에 와서 걷고 싶었다. 한 시간 남짓 걸으니 장회 나루 휴게소가 나오는데 돌로 쌓은 큰 탑이 인상적이었다. 이곳에서 커피 한 잔을 하고 목도 축일 겸 장회

나루로 내려갔다. 장회 나루에서 바라보는 구담봉의 경치는 정말 일품이었다. 이 장회 나루에서 배를 타고 구담봉, 옥순봉을 거쳐서 청풍으로 바로 간다고 하는데, 다음에는 꼭 배를 타고 한 번 가보기로 마음먹었다. 배를 타게 되면 지금 가는 길에서 볼 수 없는 옥순봉의 진면목을 볼 수 있기도 하고, 청풍호수의 정경을 제대로 느낄 수가 있다고 해서 꼭 한 번 오리라 마음먹고는 다시 길을 나섰다.

장회 나루에서 휴식을 취한 다음 조금 더 내려가니 장회대교가 나오는데 장회대교에서 바라보는 풍경도 참 일품이었다. 그 경치에 취하면서 걷다 보니 이름도 정겨운 계란재라고 쓰인 이정표

장회나루에서 바라본 청풍호와 구담봉 ▲

가 보였다. 계란재 길을 올라가다 보니 오른쪽으로 구담봉과 옥순봉

으로 가는 산행길이 있다는 안내 표지판이 보였다. 이곳에서 두 시간 정도 산행을 하면 구담봉에 오를 수가 있다고 하지만, 시간이 없어서 아쉬움을 안고 그냥 계속 재를 넘었다. 강물을 따라서 돌아가는 길이 끝나는 지점에 원대삼거리가 나왔다.

이 원대삼거리에서 청풍으로 가는 방법은 두 가지 방법이 있다. 왼쪽으로 수산을 지나서 청풍으로 가는 길이 있고, 오른쪽으로 강을 따라서 옥순대교를 건너서 다시 청풍대교를 건너서 청풍으로 가는 길이 있다.

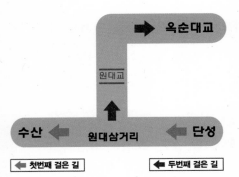

처음 한강길을 걸을 때는 빨리 가고자 하는 욕심에 왼쪽으로 수산을 거쳐서 청풍으로 갔었다. 하지만 한강길 걷기를 마친 후에 다시 이곳을 와서 옥순대교를 건너서 강을 낀 언덕길을 따라서 걸어서 다시 청풍대교를 건너서 청풍으로 가보았다. 나중에 걸은 옥순대교 길이 수산으로 가는 길보다 훨씬 더 아름답고, 강을 끼고 걷는 길이라는 생각이 들어서 애초에 옥순대교 길로 걷지 않은 것에 대해서 후회를 했다. 만약에 한강길을 걷고자 하는 사람이 있다면 옥순대교를 건넌 후에 청풍대교를 건너서 청풍으로 들어가는 길을 적극적으로 권하고 싶다.

🔍 청풍호와 청풍공소

　수산으로 가는 길은 대체로 평탄한 산길로 이어져서 조금은 지루한 느낌을 주는 평범한 길이었다. 원대삼거리를 지나 얼마 되지 않아서 오른편에 컨츄리하우스라는 꽤 큰, 민박을 겸하고 있는 식당을 만났다. 이곳에 묵고 싶다는 생각도 들었지만 아직은 체력이 남아 있고, 시간도 충분한 것 같아서 청풍까지 그냥 걷기로 했다. 2km쯤 더 가니 수산면 시내가 나왔는데 식당은 있지만, 숙박할 곳이 마땅치 않아서 쉬지 않고 계속 걸었다. 약간 언덕진 길을 지나 5분 정도 더 가니 삼거리에서 오른편으로 들어서면서 다시 삼거리가 나왔다. 거기에서는 청풍이라는 이정표를 보면서 왼편으로 들어섰다. 산허리를 도는 도로를 따라 계속 15km 정도 숲으로 쌓여있는 듯한 한적한 도로를 따라 걸었다. 날도 저물고 몸도 지친 상태이기에 조금 빨리 걸었는데, 왼편으로 도곡리라고 되어 있는 이정표 옆에 식당 간판이 있어서 숙박할 곳도 찾을 겸 갔더니, 예촌이라는 예쁜 한옥으로 된 식당이 있었다. 주로 산채나물밥 종류만 있어서 지친 나그네의 저녁으로 먹기에는 조금 실망스러운 것 같았다. 할 수 없이 다시 돌아 나와서 제천 청풍 방향으로 발길을 돌렸다.

　산 오른편으로 청풍호수가 보이기 시작했다. 청풍호수는 그 무엇과도 비교할 수 없을 만큼 광대하고 아름다웠다. 피로에 지친 나그네에게 심오하고 깊은 감탄을 자아내게 하는 것만으로 피로가 싹 씻

겨 나가는 기분이었다. 청풍호를 감상하면서 조금 더 내려가니 청풍
면 사무소가 있는 시내로 진입하는 삼거리가 나왔다. 직진하면 청풍
문화재단지로 가는 곳이고, 왼편으로 가면 청풍으로 가는 길이어서
왼편으로 접어들었다. 청풍으로 들어서는 입구에 서 있는 큰 벚나무
들이 인상적이었다. 매년 봄철이면 청풍 벚꽃축제가 열리는데 그 광
경이 진풍경이라고 한다. 이곳 청풍면 입구를 보았을 때 그 벚꽃축
제의 규모가 짐작될 정도였다. 청풍 입구에 들어서서 100m쯤 가니
오른편에 축제장이 펼쳐진다는 넓은 주차장이 보였다. 주차장 주변
을 둘러보니 옛날식 여관이 두 군데 있었다. 청풍여관과 청풍민박이
있었는데 아침을 간단하게 해먹기 위해서 청풍민박에 묵기로 하고
여장을 풀었다. 식당을 찾기 위해 마을을 둘러보니 천주교 청풍공소
가 눈에 띄었다. 주차장에서 100m쯤 떨어진 곳에 있는 청풍공소는

아담하고 예쁜 모습이었다. 성당은 정성스럽게 잘 손질한 모습이었다. 성당 뒤편에 겟세마니 동산이라 불리는 기도처를 마련해 두고 전국에서 가져다 심은 야생화로 꾸며놓았는데, 작지만 아담하고 정성스러운 모습에 감탄이 절로 나왔다. 의자에 잠시 앉아 무사히 이 여정을 마칠 수 있기를 도와주십사 하는 기도와 이 한강길 걷기를 통해 삶을 되돌아볼 수 있는 기회를 주신 하느님께 감사를 드리는 기도를 한 후에 공소를 나와서 식당으로 향했다. 큰 축제가 열리는 곳이라 식당은 여러 곳이 있었다. 호수 부근이라 횟집과 민물 매운탕을 주로 하는 식당들이 많아서 민물 매운탕을 얼큰하게 끓여 소주 한 잔으로 여독을 풀었다.

13일 차
청풍 안길 걷기

청풍호 안길과 연곡리

아침에 청풍민박에서 라면을 끓여 먹고 또다시 새로운 여정을 시작했다. 청풍 보건지소에서 약간 밑으로 내려가면 오른쪽으로는 청풍 공설운동장을 지나 청풍대교 쪽으로 가는 길이 나온다. 이 길로 나가면 청풍을 빠져나가서 금성으로 가게 되지만, 청풍호수를 다 볼 수 있는 곳으로 가고 싶은 마음에 왼쪽 길로 들어가서 청풍호수를 한 바퀴 돌기로 했다. 왼쪽 길로 접어들어 걷다 보니 가슴이 탁 트이는 청풍호수가 눈앞에 펼쳐졌다. 한참을 그 자리에 서서 이렇게 아름다운 세상을 볼 수 있음에 감사했다. 청풍호수의 아름다운 경치에 취해서 걷다 보니 삼거리가 나왔는데, 이정표에 연곡리라는 쪽으로 가야 청풍호수를 한 바퀴 돌 수가 있다고 해서 그쪽으로 향했다. 연곡유래비라는 곳이 나왔는데, 커다란 하얀 돌에 '연곡유래비'라고 큰 글씨로 새기고 그 아래 검은색 판에 연곡리의 유래를 새겨 놓았다. 이런 작은 고을에 유래비를 세웠다는 것이 의아했지만, 그만큼 이 마을의 역사가 오래되었고, 훌륭한 조상들이 살았다는 것을 방증하는 것이라는 생각이 들었다.

연곡리(淵谷里)는 본래 청풍군 읍내면의 지역으로서 못 안쪽이 되므로 '모단, 지내(池內), 연리(淵里)'라 하였다. 일제강점기 시절인 1914년, 행정구역 통폐합에 따라 연곡리라 하여 제천군 비봉면에 편입되었다가, 1918년 청풍군에 편입되었다고 한다. 1980년 4월 제천시가 시 승격이 되면서 제천시 청풍면 연곡리가 되었다가, 1985년 충주댐 수몰마을이 되면서 연곡리와 광의리를 통합하여 비봉리로 하였다가, 1995년 제천시 청풍면 연곡리가 되었다는 내용이 적혀 있었다. 연곡리는 '못 연' 자와 '골짜기 곡' 자의 합성어로 된, 연못이 위치한 골짜기에서 유래했다. 1906년 이전에는 '지내'라 하였고, 우리말로 '못 안'이 변천하여 '모단'이라 하였으며, '연리'의 연못 마을이 되었다고 한다. 연곡리는 한양 조씨의 집성촌으로서 예전에는 엄청 세도가

들이 살았으며, 후진 양성을 하기 위해 금명산에 양사재라는 곳을 만들었다는 유래로 보아 예전에는 한 가닥 하던 조씨들의 행적을 읽을 수가 있었다. 한편으로는 그런 곳이 수몰되었다는 것으로 전하며 지금은 유래비로 전하는 것을 보면서 상전벽해의 심정을 느꼈다. 인생도 그런 무상한 것이 아닌가 싶어서 울적한 기분이 들었다.

다시 마음을 다잡고 계속 길을 걷다 보니 용정사라고 새겨진 큰 돌이 있고, 그 뒤쪽에는 귀틀집 비슷한 오래된 가옥이 보여서 이곳이 역사가 오래된 곳이라는 것을 느낄 수가 있었다. 길을 걸으면서 느끼는 청풍호수의 모습은 시시각각 달라지는 느낌이었다. 호수를 끼고 한 바퀴 도는 길이라 호수의 정경도 변하고, 햇살의 방향에 따라서 호수에 비치는 풍광도 달랐다. 수산에서 청풍으로 들어올 때 보던 청풍호수의 장쾌한 모습과는 다른 아기자기한 호수를 만나는 느낌이었다.

🖎 비봉산 모노레일

청풍면의 안쪽 연곡리 쪽으로는 해발 531m의 비봉산이 가운데에 자리 잡고 있는데, 지금 모노레일을 설치하고 있어서 앞으로 많은 관광객을 유치하려는 계획이 있다고 했다. 궁금한 마음에 모노레일이 설치되는 곳까지 가보니 아슬아슬하게 올라가도록 설계된 모노레일이 스릴이 있어 보였다. 한강길을 걸을 당시에는 다 완성이 되지 않아서 올라

가지 못했지만, 훗날 다시 와
서 모노레일을 타고 올라가
니 비봉산 정상에서 바라보
는 청풍호수의 모습은 정말
장관이었다. 한눈에 충주댐
으로 막힌 청풍호수의 모습
이 펼쳐지는 것이 마치 다도

▲ 비봉산 정상에서 바라본 청풍호

해를 보는 느낌과 같았다. 통영의 미륵산 케이블카를 타고 내려다보던
다도해의 숨 막히는 아름다움이 이곳에서도 펼쳐졌다.

　비봉산으로 오르는 길을 뒤로하고 다시 청풍 쪽으로 길을 잡고 걸
으니 삼거리가 나왔다. 오른쪽 길로 가면 수산 쪽으로 가는 길이 나오
게 된다고 해서 왼쪽 길로 접어드니 국민건강보험 인재개발원이라는
큰 건물이 나왔다. 그곳을 지나 조금 더 걸어 나오니 청풍 보건지소 쪽
으로 다시 나오게 되었다. 시간을 보니 오후 4시쯤 되어서 청풍에서 하
루를 더 머물기로 하고 청풍문화재 단지를 관람하기로 했다.

청풍문화재 단지의 한벽루

　청풍문화재 단지는 1982년부터 1985년까지 만 3년 동안 충주댐
으로 인해 수몰되는 청풍의 유적 및 문화재를 보존하기 위해 5만
4,486㎡의 대지 위에 9억 8,500만 원의 사업비를 투입하여 43점의 문

화재를 원형대로 이전하고, 4동의 고가(古家), 1,606점의 생활 유물 등을 수집하여 전시하였다고 한다. 이곳은 문화 관광지로서 신제천 10경의 제4경이라고 한다. 중원 문화권의 조선 시대 사대부 가옥, 누정 등을 재현하고 있어 사대부 생활 문화의 교육장으로 활용되고 있다. 보물과 문화재 및 생활 유물 등이 보관되어 있어 남한강 상류의 화려하였던 문화의 산실로 자리매김하고 있다고 한다. 청소년의 역사 교육장으로서뿐만 아니라 많은 일반 관광객들의 문화 관광 공간으로 이용되고 있다고 할 만큼 의미가 있는 곳이었다. 청풍문화재 단지 내에는 제천 청풍 한벽루(보물 제528호), 제천 물태리 석조 여래입상(보물 제546호) 등의 보물이 있다. 특히 한벽루라는 누각은 지금까지 보았던 정자나 누각과는 많이 달랐다. 날개 달린 누각이라고 불리는 익루(翼樓)가 옆에 있어서 보기에도 특이했다. 한벽루는 밀양의 영남루

와 춘향전의 배경이 된 남원의 광한루와 더불어 조선 시대 3대 누각이라고 불린다고 하는데 그 위용이 정말 대단했다.

청풍문화재 단지에는 한벽루 외에도 충청북도의 유형 문화재인 청풍 금남루, 금병헌, 팔영루, 청풍 향교, 응청각, 도화리 고가, 황석리 고가, 후산리 고가 등의 지방 유형 문화재가 이전되어 있어서 수몰의 아픔이 그대로 느껴졌다. 또한, 청풍면 황석리의 고인돌 등 많은 고인돌과 문인석 및 비석류 등의 비지정 문화재 32점이 있으며, 이외에도 당시의 제천군에서 수집한 농기계류 760점, 생활 용구류 730점, 기타 민속품 116점 등의 문화재가 있어 옛날의 생활 모습을 그려 보고 재현해 볼 수 있는 좋은 자료를 많이 볼 수가 있어서 저녁 식사를 하기 전에 유서 깊은 문화재와 좋은 경치를 완상하면서 하루의 피로를 풀 수가 있었다.

청풍호 전경. (왼쪽 봉긋 솟은 산이 비봉산이다.) ▲

아름다운 한벽루에서 청풍호에 지는 해를 바라보니 아름답기도 하지만, 수몰민들의 아픔이 느껴져 마음 한구석이 애잔해지는 느낌은 무어라 말로 표현할 수가 없었다. 청풍의 해지는 모습을 보노라니 생텍쥐페리의 어린 왕자가 했던 이야기가 생각났다. "해가 지는 것을 보려면 해가 질 때까지 기다리지 말고 해가 지는 쪽으로 가야 해."라던 이야기처럼 해가 지는 청풍호수로 온 것은 참 잘한 일이라고 생각하며 나 자신을 격려했다. 그렇게 또 하루가 지고 있어 혼자서 술 한 잔 하면서 한강길 걷기의 의미를 되돌아보며 회포를 풀었다.

14일차
청풍~금성

청풍 벚꽃길

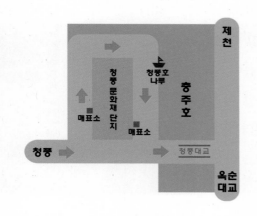

다음 날 아침 일찍 청
풍을 나와서 어제 돌아본
청풍문화재 단지를 지나
조금 내려가니 청풍대교
가 나왔다. 청풍대교에서
다시 바라보는 청풍호의
모습이 참 웅장하고 멋이
있었다. 어제 둘러본 청풍
문화재 단지의 모습도 보기 좋게 보였고 옥순봉 쪽으로 보이는 아침
경치는 어제 보았던 저녁 풍경과는 또 다른 감탄을 자아내게 했다.
대교를 건너서 도화교차로에서 오른쪽 옥순대교 길로 가지 않고 왼
쪽 길로 접어들었다. 계속 호수를 끼고 직진해서 300m쯤 가자 왼편
에 큰 주차장이 보이고 제천시 관광정보센터가 있어서 주차장으로
잠시 들어갔다. 관광정보센터 옆 카페는 「석별」이라는 노래로 유명한
가수 홍민 씨가 라이브로 노래한다는 곳이었다. 주차장에서 호수 쪽

으로 내려가니 청풍랜드라는 곳이 호수 옆에 있었다. 청풍랜드에는 청풍호반 수상아트홀이 멋있게 세워져 있고, 번지점프장도 있어서 많은 관광객이 찾고 있었다. 주차장에서 바라다보는 청풍호수의 모습은 또 다른 감동으로 와 닿았다. 모노레일이 있는 비봉산이 한눈에 들어왔고, 청풍호반 가운데 만들어져 있는 분수도 멋있게 물을 뿜고 있었다. 이곳은 해가 질 때 호수에 붉은 놀이 물드는 모습이 명소 중의 명소라고 했다. 훗날 이곳에서 저녁놀을 보면서 홍민의 석별을 듣고 싶다는 마음을 안고 아쉽게 돌아설 수밖에 없었다.

청풍호에 펼쳐지는 경치를 보면서 길 양쪽으로 계속 이어지는 벚나무 길을 걸었다. 이곳의 벚나무는 4월에 청풍 벚꽃축제가 열릴 정도로 유명하다고 했다. 실제로 벚꽃이 필 때는 길이 막혀서 차가 가지 못할 지경이라는 말이 실감 날 정도로 벚나무가 양쪽으로 길게 늘어져 있어서 보기가 좋았다. 청풍리조트레이크 호텔이 왼편에 자리 잡고 있었고, 오른쪽으로는 자드락길로 유명한 산언덕 쪽에 청풍리조트 힐하우스 등 펜션들이 멋있게 자리 잡고 있어서 이곳이 유명한 관광지임을 한눈에 알 수가 있었다. 그곳을 지나자 호수 쪽으로 청풍 황금 떡갈비 집이 나오고, 조금 더 가니 오른편 산자락에 유럽의 카페 같아 보이는 청풍 떡갈비 집이 있는 것을 볼 수가 있었다. 떡갈비 집이 연속으로 있는 것으로 보아 이곳 청풍의 대표적인 음식이 떡갈비라는 것을 알 수가 있었다. 청풍 떡갈비 집을 지나서 한참을 가니 왼편에 드라마『태조 왕건』을 촬영했다는 촬영지 안내가 보였다.『태조 왕건』드라마를 찍을 때 해전(海戰) 장면은 거의 이곳에서 촬영을 했다는 안내판이 보였다. 드라마촬영지를 지나서 벚나무를 벗 삼아 한 시간쯤 걷다 보니 금월봉 휴게소라는 곳이 왼편에 보였다. 휴게소 옆에는 한눈에 보기에도 웅장한 바위산이 눈에 확 띄었다. 기암괴석이 한 덩이로 산 모습을 이루고 있었는데, 그 모습이 참 괴이하고 웅장했다. 그 옆으로는 산악자전거를 탈 수 있는 마리나라는 곳으로 가는 길이 있었지만, 갈 길이 바빠서 그냥 지나칠 수밖에 없었다. 이곳에서 3km쯤 나가면 금성면에 도달할 수 있다고 해서 다시 길을 재촉해 호수와 산과 벚꽃길을 벗 삼아 걸었다.

✎ 내게 힘을 준 두 친구 이야기

▲ daum 지도

걷다가 고교(높은 다리라는 뜻)라는 큰 다리를 만나게 되었는데, 그만 이곳에서 길이 어긋나게 되었다. 금성으로 가려면 고교를 건너서 직진해서 바로 가야만 했다. 하지만 호수 물길을 보면 오른쪽으로 고교천이 흐르고 있어서 호숫길을 제대로 걷기 위해서는 오른쪽으로 가야만 되는 것처럼 보였다. 이정표도 정확하게 표시된 것이 없었다. 청풍 추모공원으로 가는 길이 표시되어 있고, 그 옆에 초록색으로 중전 생태공원도 나오는 것으로 되어 있었다. 중전 생태공원이라고 표시된 위에 푸른 강물처럼 보이는 청풍호라는 모습에서 호수를 끼고 가면 중전 생태공원으로 가는 것처럼 되어 있었다. 그리고 그 아래 제천 곤충 나라로 가는 길도 고교 오른쪽으로 표시되어 있어서 오른쪽으로 가는 것이 옳다고 생각했다. 더욱이 결정적으로 마음이 흔들린 것은 도로 왼편에 있는 '금성 영광교회'라는 표시가 고교 오른쪽으로 가도록 표시가 되어 있어서 고교를 건너지 않고 고교천을 따라 걷게 되었다. 나중에 알고 보니 이 길은 금성으로 가는 길이 아니라 금성면 중전리로 가는 길이었다.

아무튼, 그날은 그 길이 금성으로 가는 길이라 생각하고 걸었다. 하지만 날이 엄청 더워서 정말 고생을 많이 했다. 걷다 보니 지니고 있던 물도 떨어졌고, 인가도 눈에 띄지 않았다. 한낮의 더위와 갈증에 시달리며 배고픔까지 와서 거의 탈진 상태에 이르렀다. 그때 마침 길옆에 사과 과수원이 눈에 띄었다. 주인이 있었으면 돈을 주고 몇 개 사고 싶었지만, 아무도 없어서 목마름과 배고픔에 사과 하나를 몰래 땄다. 완전하게 익지 않은 사과가 주먹 크기 정도 되었는데, 껍질은 물론 씨를 감싸고 있는 까칠한 부분까지 다 먹었다. 지금도 그 맛을 잊을 수가 없을 정도로 그날 먹은 사과의 맛은 꿀맛이었다.

사과를 하나 먹고는 너무 덥고 지쳐서 나무 그늘에서 쉬었다. 너무 힘들다는 생각이 드는 가운데 갑자기 친구들과 해파랑길을 걸었던 생각이 났다. 해파랑길을 걷던 어느 날, 양양 낙산사에서 하조대를 향해 걷는 일정이 있었다. 그날 아침 일찍 출발하느라 아침을 못 먹고 출발하면서, 조금 걷다가 아침을 먹기로 했다. 하지만 한참을 걸어도 식당이 나타나지 않아서 배고픔을 참고 걷던 중 둑방에 산딸기가 조금 달려있는 것을 보고, 몇몇 친구는 그곳으로 기어 올라가 딸기를 따 먹었다. 그러면서 서로가 어릴 적에 고생했던 얘기들, 지금 어려움을 겪는 얘기를 나누면서, 우리가 이렇게 배고픈 것은 예전에 비하면 고생도 아니라는 얘기를 나누었다. 그때 나누었던 얘기 중 두 친구의 얘기가 가장 기억에 남았다.

하나는 임종순이라는 친구의 이야기다. 종순이는 어릴 적 상상도 못 할 정도로 가난하게 살았다. 흔히 옛날 얘기를 할 때 나오는 얘기처럼 찢어질 듯 가난한 삶을 살았다. 1960년대 초에 이 친구의 어머니는 아버지와 문제가 생겨서 어린 자식들을 데리고 태백에 와서 생활해야만 했다. 하지만 여자의 몸으로 변변한 직업을 구할 수가 없어 다리 밑에 초막을 지어 살며 넝마주이의 삶을 사셨다. 이 시대만 해도 여자들이 변변한 일을 하기가 어려운 시대였기에 이 친구의 어머니는 아이들과 함께 힘든 삶을 살 수밖에 없었다. 이 친구가 살았던 곳은 석공병원 옆 금천 가는 다리 밑이었다. 금천 다리는 위로는 탄차가 다니는 철로가 있고, 아래는 차가 다니는 다리여서 흔히 이중

교라고 불렀다. 그래서 어릴 적 종순이의 별명은 '이중교'였다. 종순이는 넝마주이의 막내로 태어나 아침이면 말 그대로 깡통을 가지고 다니며 자기 구역에서 밥을 얻으러 다니곤 했던 친구였다. 그러나 다행스럽게도 종순이의 형들이 자신들은 배우지 못했지만, 동생만은 그렇게 살지 않도록 하자고 하면서 십시일반 돈을 모아서 종순이를 학교에 보냈다. 그래서 이 친구는 태백에서 학교를 마치고 청운의 꿈

을 안고 서울로 올라가 복싱체육관에서 숙식하면서 권투를 열심히 배웠다고 한다. 그래서 플라이급에서는 어느 정도 실력을 인정받았는데, 어느 날 한 시합에서 팽팽한 경기를 이어가다가 결국은 판정패를 당했다고 한다. 그날 저녁, 주위에서 위로하며 밥을 사주는 사람도 없었고, 막걸리 한 잔 사 먹을 돈도 없어서 실컷 울다가 종순이는 그날로 권투를 그만두고 건설회사에 잡부로 들어가서 일을 했다. 그러다가 마침 70년대 중반에 중동 건설 바람이 불어 이라크에 들어가 일을 하게 되면서 기술을 익혔다. 그 후 국내에 들어와서 그때 익힌 기술을 바탕으로 송파구청에 기술직 공무원으로 일하게 되었다. 지금은 정년퇴직을 하고 충남 당진에 내려가서 유치원 통학버스 운전을 하며 살고 있다. 군에 있을 때 국방부 신문에 이 친구의 시가 실렸던 인연으로 지금도 틈틈이 예전에 고생스러웠던 삶을 시로 쓰고 있다고 한다. 이 친구 삶의 이야기를 생각하면 지금도 눈물겹지만, 그 힘든 삶을 이겨내고 지금은 누구보다 당당하게 살아가는 모습이 진짜 자랑스러운 친구이다. 해파랑길을 걷던 그 날도 자신의 어릴 적 이야기를 하면서 이런 배고픔쯤은 아무것도 아니라며 웃던 종순이의 모습이 아직도 생생하다.

또 한 친구는 조병철이라는 친구다. 병철이는 서울 아산중앙병원에서 팀장으로 근무하던 중 대장암에 걸려 3기라는 판정을 받았다고 한다. 그래서 그 힘든 항암치료를 반복하면서 '모든 것을 하느님

뜻대로 하소서.'라는 생각을 갖고 전국의 천주교 성지는 거의 다 다녔을 정도로 힘들게 살았다고 한다. 지금은 천만다행으로 완치가 되어서 함께 해파랑길을 걷게 되었다며, 이런 배고픔은 고통에 들지도 않는다면서 웃으며 이야기했다. 해파랑길을 걸을 때도 힘들고, 아플 때는 진통제를 먹어가면서도 부산 오륙도 해맞이 공원까지 답파한 병철이를 생각하면 가슴이 먹먹하다. 현재는 부인이 운영하는 식당일을 도와주면서 시간이 날 때마다 살아 있음에 감사하며 여행을 다니는 친구이다. 이 두 친구의 이야기를 들으면서 배고픔과 같은 조금의 힘듦은 아무것도 아니라는 생각을 하게 되었었다. 이 두 친구를 떠올리면 한강길을 걷다가 지쳤을 때도 피로가 미소로 바뀌곤 했다.

이날 청풍 호숫길을 걸으면서 정말 지쳐서 사과 하나로 갈증과 배고픔을 지우며 이 친구들의 이야기를 떠올리면서 다시 힘을 냈다. 다시 길을 나서서 중전리로 가던 중 마을 주민을 만나서 길을 잘못 들었다는 것을 알고는 고교천을 따라 고교까지 다시 나왔다. 비록 덥고 힘은 들었지만, 종순이와 병철이 두 친구의 고단한 삶을 떠올리면서 힘을 냈다. 다시 고교에 이르러서 고교 다리를 건너 30분쯤 걸으니 눈앞에 작은 시가지를 이루고 있는 금성면이 한눈에 들어왔다.

처음 한강길을 걸었을 때 길을 몰라서 청풍호수를 빠져나가지 못하고 온종일 호수 주변을 맴돌면서 헤매다가 더위에 지쳐서 저녁 무렵 금성면으로 빠져나왔다. 그날 너무 지친 탓에 금성면에서 제천 가는 버스를 타고, 제천에서 다시 기차를 타고 태백으로 갔는데, 기차에 타자마자 그냥 정신없이 잠에 곯아 떨어졌었다. 지금 생각해 보면 그날은 한낮의 더위 때문에 거의 탈진 상태까지 이르렀던 것 같았다.

해파랑길 (좌측부터 필자, 주상순, 조병철, 임종순, 고명진) ▲

15일 차
금성~삼탄

금성에서 다시 걷다

청풍호수를 나오면서 너무 힘들었던 탓에 태백에 돌아와서 몇 주 동안은 더위 때문에 한강길을 걷는 것이 두려웠다. 그러다가 더위가 한풀 꺾인 다음, 지도를 보고 길을 익힌 후에 두 번째 다시 금성면으로 와서 금성면에서부터 다시 길을 이어서 걸었다. 원래 제대로 길을 알고 걸었더라면 청풍에서 금성까지는 한나절이 아니라 반나절이면 걸을 수 있는 거리였지만, 호수를 따라 걷다가 헤매는 바람에 하루가 꼬박 걸렸다. 제대로 걸었다면 금성은 거치지 않고, 청풍에서 나와서 구룡교차로에서 왼쪽으로 충주방면으로 향했어야 했던 길이다.

청풍에서 금성 방면으로 왔다고 했을 때 구룡교차로에서 직진을 하면 금성을 거쳐 제천으로 나가는 길이고, 왼편으로 호수를 끼고 완전히 돌아서는 길이 보이면서 이정표에 부산(이때의 부산은 경상도 부산이 아니라 제천시 부산리를 뜻함), 황석리라는 표시가 쓰여 있었다. 황

석리로 가는 길로 들어서야 충주로 갈 수 있기에 그 길로 들어섰다. 길옆에는 백옥사, 성불사, 황석리라는 표지판이 보이면서 천상사라는 흰색 표지판도 눈에 띄었다. 호반로라는 언덕길로 들어서서 구불구불한 산길로 걷게 되었다. 30분쯤 언덕을 올라가다가 다시 내려가는 길로 걷다 보니 오른쪽으로 대덕산 천상사로 가는 길이 500m라고 되어 있었다. 누런 자연석 돌에 '살기 좋은 고을 월굴리'라는 글이 새겨져 있어 월굴리와 천상사가 궁금해서 그곳에서 길을 물었다.

🖎 망설인 끝에 선택한 월굴리의 천상사와 씨름도로

원래는 큰길로 직진해서 호수를 끼고 돌아가면 충주로 가는 길이 나온다. 하지만 월굴리 이정표 앞길에서 마을 노인을 만나서 길을 물었더니 이곳 월굴리로 가면 산을 가로질러 가는 길이 나온다고 했다. 이 길이 예전에 과거를 보러 가던 사람들이 걷던 길이라고 해서 어떻게 해야 하나 망설이다가 천상사도 볼 겸 월굴리로 들어가기로 마음먹었다. 제대로 한강길을 걷는다면 이 삼거리에서 큰 도로를 따라 황석을 지나 부산리로 가서, 오산을 거쳐 동량으로 가서 충주로 가야 한다. 하지만 그 길은 차를 타고 간 적이 있었고, 더욱이 청풍호수를 끼고 가는 길은 어제 청풍에서 바라다본 곳이기

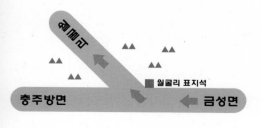

도 해서 조금 다른 욕심을 내기로 했다. 새로운 길로 가서 삼탄이라는 곳으로 가고 싶은 생각이 들었다. 삼탄이라는 곳도 한강의 지류라는 얘기를 들었기에 새로운 곳을 가고 싶다는 생각과 과거를 보러 가던 선비들이 지름길 삼아 다니던 길이라는 말에 조금 욕심을 내서 지금은 사람들이 잘 다니지 않는 월굴리 길로 들어섰다.

월굴리로 들어가는 길로 들어서서 100m쯤 가니 왼편에 천상사 (天上寺)라는 절로 가는 안내표시가 있었다. 천상사는 하늘 위에 있는 절이라는 이름이 특이해서 들렀다 가고 싶었다. 왼쪽 길로 들어서서 300m쯤 산길로 올라가니 산이 온통 파헤쳐져 있고, 어수선한 것이 큰 공사를 하는 느낌을 받았다. 주변은 온통 공사장처럼 느껴져서 살펴보니 많은 절집을 짓고 있고, 체육관도 짓고 있어서 조금은 놀랐다. 이곳은 조계종의 절이 아니라 국제 불무도 연맹의 본산이라고 했다. 기(氣)와 관련된 이야기가 많이 간직된 것으로 보아 중국의 소림사처럼 무술을 단련하는 곳이라는 생각이 들었다. 다 완공이 되면 엄청난 곳으로 알려질 것 같다는 생각이 들기도 했다.

천상사에서 다시 내려와서 월굴리로 가는 길로 들어서니, 작은 시골 마을로 들어가는 길과 같은 아담한 길로 연결되어 있었다. 포장도로가 있기는 했지만, 중앙선이 그어진 것이 아닌 시

골길 농로에 불과했다. 가다 보니 길이 여러 번 갈라지기는 했지만, 거의 이정표가 없어서 계속 직진해서 걸었고, 선택을 해야 하는 경우에는 오른쪽 길을 선택해서 걸었다. 계속 언덕길을 올라가다 보니 작은 마을 입구에 세 갈래 길이 나와서 주변에 길을 물으니 올라가는 오른편으로 가지 말고 집 앞을 지나는 왼편 큰길로 가라고 해서 그 길로 걸어갔다. 언덕이 나오면서 계속 산으로 올라가는 길이 이어졌다. 차 한 대가 겨우 지날 것 같은 포장길을 걸어서 올라가다 보니 비포장도로가 이어졌다. 언덕 정상쯤에 약간 큰 대리석 표지가 오른편에 서 있었다. '씨름도로'라는 글자가 새겨져 있는 표지석 아래에는 "본도로는 2001년 의병창의 제106주년 기념 씨름대회 시 이원종 충청북도지사 지원사업비로 시공하였기에 씨름도로라 명하였다. 2002. 4. 17. 제천시장 권희필"이라고 새겨져 있었다. 아마도 씨름선수들이 이곳을 오르내리면서 연습을 한 것인가 싶은 생각도 들었지만, 지금은 주로 산악자전거를 타는 사람들이 라이딩을 하는 곳으로 널리 알려져 있다고 한다. 이 씨름도로를 넘어서 충주댐을 중심으로 만들어진 충주호 주변까지 산악자전거를 타는 사

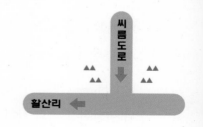

람들이 자주 이용한다고 했다. 왜 씨름도로를 이렇게 한적한 곳에 세웠을까 하는 의구심도 들었지만, 표지석 아래 설명을 보면서 이곳에서 열린 씨름대회를 기념하기 위해 세워진 도로라고 해서 이해가 되었다. 자연이 그대로 살아 있는 곳이어서 걷기에는 더욱 좋았다. 씨름도로를 계속해서 내려가니 작은 마을이 나오고 갈림길을 만나게 되었다. 활선리로 향하는 오른쪽으로 가야 한다고 해서 오른쪽 길로 긴 언덕을 지나 40분쯤 걸어가니 정면에 큰 도로가 나왔다. 이곳에서 마을버스 정류장을 지나서 왼쪽의 큰 도로로 내려갔다. 이정표도 없는 곳이어서 조금은 애를 먹었다. 조금 더 가니 또 다른 삼거리가 나왔는데, 지나가는 사람도 없는 곳이어서 물어볼 곳도 만만치가 않았다. 장선리를 표시하는 이정표를 따라서 오른쪽으로 직진한다는 느낌의 도로로 접어들었다. 조금 더 내려가니 장선리라는 이정표가 나와서 이제는 길을 제대로 찾았다는 안도감에 잠시 쉬면서 준비한 간식을 먹었다. 해가 곧 질 수도 있겠다 싶어서 빠른 걸음으로 장선리 쪽으로 걷다 보니 언덕의 정상쯤에서 충주시 산척면이라는 큰 이정표가 나왔다. 그 길을 따라 40분쯤 내려가니 아담한 모습의 산척면 명서리 소재

지가 나오는데, 주소는 명서리이지만 주로 삼탄이라는 이름으로 더 알려진 곳이었다.

✎ 삼탄(三灘)

삼탄(三灘)라는 지명은 마을 앞으로 흐르는 강에 세 곳의 여울이 있어서 붙여진 이름이라고 한다. 따개바우여울, 앞여울, 소나무소여울이라는 이름을 가진 세 개의 아름다운 여울이 있는 곳이어서 삼탄이라고 불리게 되었다고 한다. 이곳 여울을 중심으로 유원지가 만들어져 있는데 바로 삼탄 유원지라는 곳이다. 삼탄 유원지 옆에 흐르는 물은 큰 강물은 아니지만, 물이 맑고 깨끗해서 유원지로서 적절했다. 이 물이 하천리, 지동리, 호운리를 거치며 충주호로 흘러들어 한강의 또 다른 지류가 만들어진다고 하니 한강길 걷기의 또 다른 면을 느낄 수가 있었다. 걸으면서 본 삼탄 유원지의 모습은 관광명소로서 손색이 없는 모습이었다. 삼탄 유원지 앞 주차장의 규모를 보면서 이곳에 얼마나 많은 사람들이 찾는 곳인지 짐작이 되었다. 삼탄이라고 불리는 이곳 마을 규모는 크지 않았다. 걸으면서 보니, 주로 고추 농사를 짓거나 이곳 삼탄 유원지의 관광을 통해서 생활을 하는 곳이라는 생각이 들었다. 날이 저물고 있어서 이곳 삼탄에서 하루를 마치는 것이 좋겠다는 생각이 들었다. 다음 날 이곳에서 출발해서 동량을 거쳐서 목행대교를 건너서 충주댐을 지나가는 길을 하루 일정으로 잡으면 충분할 것 같아서 삼탄에서 또다시 하루를 접었다.

16일 차
삼탄~충주

✎ 도덕리와 영모사

아침 일찍 삼탄 유원지에서 다시 걷기를 시작했는데 삼탄역으로 가는 방향으로 가지 않고 명서교를 건너야만 했다. 명서교에서 바라본 삼탄 유원지는 참 아름다운 유원지였으며, 여름에 한 번 와서 놀다 가고 싶다는 생각이 드는 곳이었다. 유원지 반대편으로는 제천에서 동량역으로 가는 철교가 눈에 띄었다. 명서교를 건너서 이 차선 도로를 건너는 도중에 자전거를 타고 가는 사람들을

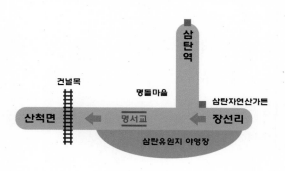

많이 만날 수 있었다. 이곳 길에는 자전거 여행이나 자전거 운동을 하는 사람들이 많은 것 같았다. 1km쯤 걷다가 만난 건널목을 건너서 산척면 쪽으로 향했다. 산 아래쪽 벽에 예쁜 그림들이 그려져 있어서 걷는 데 지루함을 없애주는 느낌이었다. 왼편 버스정류장을 보니 '도덕'이라는 이정표가 보였다. 이 마을 이름이 도덕리라고 불린다는 것

이어서 마을 이름의 유래가 참 궁금했다. 한때는 이곳에 군부대가 있어서 '군부대 창고가 있는 안쪽 마을'이라는 뜻으로 창내라고 불리다가, 특정 종교의 신도들이 모여 살아서 도덕리라고 불리게 되었다고 한다. 법 없이도 살 수 있는 마을이기를 바라면서 어린 벚나무를 길동무 삼아 산척면 쪽으로 걸었다.

산척면이 보이는 곳에서 덕현삼거리를 만나게 되었다. 오른쪽으로 가면 산척면 소재지로 가는 곳이고, 왼쪽으로 가면 동량으로 가는 길이라고 되어 있었다. 왼쪽으로 들어서서 동량으로 나가기로 했는데 6km라는 이정표가 있어서 동량에 가서 쉬기로 했다. 동량을 향해서 걷다가 보니 평택제천고속도로가 위쪽으로 지나가는 모습이 보여서 우리나라의 교통이 참 편리해졌구나 하는 생각이 들었다. 한참 이런저런 생각에 잠겨 걷다 보니 오른편에 '영모사와 연안이씨 쌍효각'으로 가는 길을 안내하는 이정표가 보였다. 영모사는 안동에도 있었던 것으로 기억이 나서 궁

금했고, 더욱이 쌍효각이 무엇인지 궁금했지만, 갈 길이 급해서 대전리로 가는 영모사 쪽으로 향하지 않고 그냥 직진해서 동량으로 가기로 했다.

영모사는 충북 지방 문화재 19호로 지정된 곳으로 충주 최씨의 시조인 최승과 그의 후손 8분의 위패가 모셔진 사당이라고 한다. 또한, 연안이씨 쌍효각은 연안이씨 이석형의 4대손인 두 형제가 정성을 다해 부모를 모신 효심을 기념하는 정려문이라고 한다. 두 형제는

부모를 위해 단지(斷指)를 해서 그 피를 부모의 입에 넣어 부모님이 소생하게 되었고, 또 그들이 어머니를 위해 잉어를 구하려 하자 얼음 위로 잉어가 솟구쳐 올라와서 그 잉어를 어머니께 고아드려 어머니의 병을 낫게 하였다고 한다. 이들이 약을 구하기 위해 밤에 나서자 호랑이가 그들을 인도했다는 전설이 전할 정도로 정성이 넘쳤다고 한다. 나라에서 이 두 효자를 기념하기 위해서 정려문을 세워 그 이름을 '연안이씨 쌍효각'이라고 했다. 요즘 같은 시대에 그렇게 지극한 효심을 발휘한 형제의 이야기를 들으니 동량으로 향하는 마음이 한

결 힘이 솟는 느낌이었다. 동량에 도착했다는 느낌은 동량역을 안내하는 이정표에서 읽을 수가 있었다. 동량역으로 가는 길은 약간 언덕길이었는데 그곳으로 가지 않고 왼쪽 터널을 통해서 동량 시내로 들어갔다. 5m쯤 되는 터널을 지나 한참을 가다 보니 탑평삼거리가 나왔다. 삼거리에서 오른쪽으로는 충주호로 가는 길 표시가 있었고, 왼쪽으로는 다리를 건너서 금성면으로 가는 표시가 있었다. 이곳에서 큰길로 가지 않고 삼거리상회를 끼고 오른쪽으로 돌

아서 동량초등학교 쪽으로 가면 지름길이 있다고 해서 그 길로 가니 충주호로 가는 도로와 다시 만나게 되었다. 동량에서 간단한 점심을 먹고 다시 길을 나서는데 동량이 끝나는 곳에서 충주호로 가는 도로를 만났다. 도로 오른쪽에는 '산유화'라는 제목의 집과 '산유화농업회사법인'이라는 큰 표지판이 있었다. 조경을 하는 사업체 같은데 제목만큼이나 꽃을 잘 가꾸어 놓은 것이 참 인상적이어서 길을 걷는 사람들의 마음을 꽃향기로 채워주었다.

남한강변길과 충주댐

이곳에서부터는 길옆에 남한강이
넓게 펼쳐져 있어서 풍광이 시원해서
기분 좋게 걸을 수 있었다. '산유화'를
지나서 남한강의 정취에 취하면서 20
분쯤 걷다 보니 충주 자연생태체험관
이라는 곳을 지나게 되었다. 이곳에서

왼쪽 길로 들어서서 남한강변 길을 걸
었다. 왼쪽에는 남한강이 보이고, 오른
쪽에는 용교 생태공원이라는 곳이 있
었는데, 꽃을 잘 가꾸어놓은 모습이 인
상적이었다. 연못과 정자와 어울려 노랑
고 하얀 꽃들이 아름답게 피어서 지나

는 객의 마음을 위로해 주었다. 남한강
의 푸른 물과 갈대밭의 풍광에 취하면서 걷다 보니 목행대교가 나타
났다. 목행대교를 건너면 바로 충주다.

목행대교에서 바라보는 남한강의 풍광은 지금까지와는 달랐다.
수량이 풍부해서 웅장하고 장엄한 모습으로 한강의 위용을 드러내
기 시작했다. 이제는 정말 한강길이구나 하는 생각을 하면서 긴 목행
대교를 건넜다.

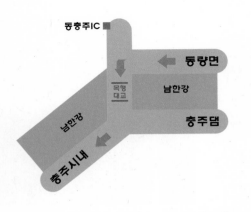

목행대교를 건너서는 충
주 시내로 들어가지 않고 남
한강변길로 걷기로 했다. 하지
만 시간을 보니 하루를 접기
도 모호했고, 또 계속 걷기도
어려워서 충주에서 하루를
묵기로 했다. 남은 시간을 어

떻게 보낼까 하다가 충주댐을 가보기로 했다. 목행대교를 건너서 왼
편으로 가면 충주댐으로 갈 수 있다고 해서 충주댐을 다녀온 후에
충주에서 저녁을 먹고 하루를 쉰 다음에 목행대교 오른쪽 길에서
다시 출발하기로 마음먹었다. 동량에서 충주까지 걸어오는 동안 보
았던 남한강물은 충주댐에서 흘러내린 물이었다는 것을 충주댐으

▲ 충주댐

로 가면서 알 수가 있었다. 충주댐은 소양강댐, 안동댐과 더불어 우리나라 3대 댐 중의 하나인데, 소양강댐 다음으로 큰 다목적댐이다. 충주댐에서 바라본 충주호수의 장관은 청풍호수에 본 모습과 비슷했다. 충주호수의 모습을 보고 충주 시내에서 하룻밤을 묵었던 그날 밤의 설렘은 지금도 기억에 새롭기만 하다.

충주댐에서 본 충주호의 모습 ▲

17일 차
충주~능암온천

충주 세계무술공원

충주 시내에서 숙식을 하고 아침 7시에 어제 건너온 목행대교 쪽으로 가서 거기에서부터 남한강을 따라 걷기로 했다. 시내에서 목행대교 쪽으로 가니 목행대교 아래쪽 강변으로 자전거길 표시가 되어 있어서 그 자전거길을 따라 걷기로 했다. 자전거길은 강변을 따라 조성되어 있는데, 잘 조성되어 있었다. 남한강을 따라 자전거 여행을 해도 참 좋으리라는 생각을 하면서 탄금대 방향으로 걷기 시작했다. 남한강변은 자전거를 타는 사람들에게는 정말 최고라는 생각이 들었다. 자전거휴게소라든가 자전거 대여점, 자전거 수리 가게 등을 볼 수 있었고, 깨끗한 화장실이 중간중간에 일정한 거리마다 설치되어 있어서 자전거 여행을 하는 사람들에게는 상당히 편리함을 느끼게 했다. 강변 옆으로는 갈대밭이 잘 형성되어 있었고, 조깅을 하는 사람들을 위해 모든 것이 잘 정비되어 있었다. 간간이 보이는 작은 무인도에는 새들이 정겹게 노니는 모습이 보기 좋았다. 강의 아침 안개가 인상적이어서 안개에 취해서 1시간 반쯤 걷다 보니 관찰데크가 조성된 곳이 눈에 띄었다. 그쪽으로 가보니 능암늪지 생태공원이라고 되어 있었다. 능암늪지 생태공원에는 버들섬이라는 작은 섬도 있었고, 미로원이라는 재미있는 공간도 조성되어 있어서 참 보기 좋았다.

능암늪지 생태공원을 지나니 바로 충주세계무술공원이라는 곳으로 연결되었다. 거대한 돌에 새겨진 세계무술공원이라는 이름에서부터 압도적인 모습이었으며, 무언가 심상치 않은 곳처럼 느껴졌다. 이곳은 한눈에 보기에도 정말 멋진 공원이었다. 충주세계무술공원 충주에서 1998년 5월에 세계무술대회를 세계 최초로 개최했는데, 매우 성공적으로 끝나서 그 후 매년 세계무술대회를 열었다고 한다. 처음 세계무술대회는 충주체육관에서 개최했지만, 해를 거듭할수록 인기가 높아져서 2005년 제8회 대회 때는 100만 명이 넘는 관광객이 찾았다고 한다. 너무 많은 사람이 와서 모든 사람을 수용할 수가 없어 탄금대 칠금 관광지 일부를 세계무술공원으로 조성

해서 현재까지 그 축제가 계속해서 이어오고 있다고 한다. 충주 시
민운동장 옆으로 강변에 큰 야영장도 조성되어 있고 박물관, 무술경
기장 등 다양한 시설과 볼거리가 준비되어 있어서 축제의 규모가 엄
청나다는 것을 짐작할 수 있었다. 여기저기 기웃거리며 살피는 것도
재미가 있었다.

🖊 탄금대

세계무술공원을 지나자 바로 탄금대공원이 나타났다. 충주의 가

장 대표적인 관광지가 탄금대이
고, 한강8경이라고 불리는 탄금경
이 보이는 곳이기에 그냥 스칠 수
가 없어 탄금경이 보이는 탄금대
에 올라갔다. '탄금대'라는 지명은
신라의 악성이라고 불리던 우륵

과 관련이 된 지명이라고 한다. 신라 진흥왕 때 악성으로 불리던 우륵
이 가야국의 멸망을 예견하고 신라에 귀화했을 때, 진흥왕은 우륵을
이곳 충주에 거주하게 했다고 한다. 우륵이 머문 이곳은 남한강과 달
천이 합류하는 지점에 자리한 나지막한 산으로서, 풍광이 매우 아름
다워 우륵은 이곳의 풍치를 탐미하여 산 정상에 있는 너럭바위에 앉
아 자주 가야금을 탔다고 한다. 우륵이 가야금을 탄 곳이라고 해서

붙여진 이름이 바로 '탄금대(彈琴臺)'였다. 우륵이 연주하는 가야금의 미묘한 소리는 사람들을 불러 모으기 시작했고, 곧 마을이 형성되었다고 한다. 탄금대 주변에는 지금도 가야금과 관련된 지명이 많이 남아 있다. 칠곡리(칠금동), 금뇌리(금능리), 청금리 등의 마을 명칭과 중앙탑면에 있는 청금정이라는 정자의 이름은 모두 가야금과 관련된 것이라고 한다.

더욱이 탄금대는 임진왜란의 참혹한 역사를 보여주는 의미 있는 장소이기에 이곳에서 강물을 바라보는 내내 마음 한쪽이 아릿하게 저며 왔다. 임진왜란 당시 도순변사였던 신립 장군은 8,000여 명의 군사와 함께 왜장 가토 기요마사와 고니시 유키나가가 이끄는 왜군에 맞서 탄금대에서 격전을 치렀다고 한다. 그는 물밀 듯이 밀려오는 왜군에 대항해 배수진을 치고 싸우고자 했다. 하지만 조총이라는 신무기를 제대로 몰랐던 탓에 배수진은 실패로 끝나고 조선군은 결국 대패했다. 패전의 아픔을 안고 신립 장군은 이곳 탄금대 절벽 끝에 있는 열두대라는 곳에서 남한강에 투신하여 장렬하게 최후를 마쳤다고 한다. 이런 슬픈 이야기를 강물은 내게 들려주었다.

탄금대 정상에 있는 탄금정에 오르니 신립 장군의 순국을 애통해하는 시가 걸려 있었다. 순조 때 시인 황오 선생의 시 「탄금대」가 지나는 나그네의 마음을 적셨다.

봄바람 동쪽으로 탄금대를 찾았더니

전쟁터 드리운 구름 그때 울분 걷히지 않았네.

배수진을 치며 끝까지 싸우자던 그 공도 없이

한 서린 강산 지나는 나그네 술잔만 기울이네.

어촌의 저녁 돛대 충주를 향해 물결을 거스르고

남쪽 바다 거쳐 오는 봄소식

조령을 다시 올라서는 그때 그런 봄철인데

해는 저물고 신립 장군은 만날 길 없이

아득하게 펼쳐진 모래펄 백구만이 감도는구나.

우륵과 신립의 이야기를 간직한 탄금대에서 탄금경을 바라보고 있자니 역사의 아픔이 가슴 가득 전해지는 느낌이 들었다. 하지만 갈 길이 멀어서 다시 탄금대를 내려와서 탄금대교 밑에 있는 탄금교를 건너서 서울 방면으로 갈 길을 서둘렀다.

탄금교를 건너서 강을 따라 탄금대교 밑을 지나서 위를 보니 큰 다리가 보였는데, 남한강을 가로지르는 우륵대교라고 한다. 이곳에는 아직도 우륵이라는 분이 미치는 영향이 크다는 생각을 하면서 계속 강을 끼고 자전거길을 걸었다. 1시간 정도 가다 보니 중

앙탑 사적공원이라는 곳이 나왔다. 이곳에는 중원탑평리 7층 석탑이 있었고 야외음악당, 발효교육과학관 등 다양한 볼거리가 있어서 관광지다운 면모를 지니고 있었다. 이곳에서 점심을 먹기로 하고 잠시 휴식을 취했다. 점심을 먹고 길을 나서자 바로 탄금호 국제조정경기장이 나타났다. 이곳에서 세계적인 대회가 자주 개최된다고 하는데 그 규모가 참 크다는 생각이 들었다. 조정경기장답게 아름다운 풍광이 한눈에 들어왔다. 예쁜 펜션이 이어지면서 탄금호 철새 조망대가 보

이고 중앙탑면사무소를 지나면서 탑평2교라는 다리를 건넜다. 다리를 건너서 계속 걷다 보니 조정지댐이 보였다. 조정경기장의 물을 조정하는 댐이라는 뜻이라는 생각이 들었다. 조정지댐에서 물을 저장해 두었기에 조정경기장에 물이 항상 가득해서 조정경기를 할 수가 있다고 한다. 조정지댐을 지나니 바로 중앙탑 휴게소가 나와서 이곳에서 커피 한 잔을 마시면서 충주를 되돌아보았다. 이곳을 지나면 충주 시내를 벗어난다는 생각에 아름다운 충주의 강변을 뒤돌아보면서 아쉬운 작별을 고했다.

목계 나루터와 신경림 시인

중앙탑휴게소를 지나면서부터는 길이 참 애매했다. 강변을 따라 걷기가 어렵게 되어 있었다. 길을 안내하는 표시판에 보니 장연늪, 장자늪 등 늪지대가 계속되는 곳을 따라 자전거길이 나 있어서 늪지대 옆을 따라 걷기로 했다. 늪지대에는 갈대가 무성하게 있어서 늪이라기보다는 초원지대에 실개천이 흘러가는 듯한 느낌이 들었다. 가을에 갈대가 하얗게 피었을 때는 정말 아름다운 경치가 되어서 이 길을 따라 자전거 여행을 하는 사람이 많다고 하는데 꼭 한번 해보고 싶다는 생각이 들었다. 찰음대늪, 산두늪이라는 지명이 정겹다는 생각을 하며 갈대밭을 따라 한참을 걷다가 오른편에 있는 목계 솔밭으로 가서 강가에 섰다. 이곳에서 강 건너편을 보니 목계 나루터가 멀리 한눈

에 보였다. 예전에 한양으로 가던 뗏목꾼들이 이곳에서 쉬어가면서
큰 장터가 만들어졌다는 목계 나루터. 영월을 지나 숨 가쁘게 노를
저어 이곳까지 오면서 수많은 고난과 어려움을 겪은 후에 이곳에 도
착해서 안도의 한숨을 쉬었을 뗏목꾼을 생각하니 만감이 교차했다.
목계 나루터를 건너다보노라니 신경림 시인의 '목계장터'가 떠올랐다.

목계장터

신경림

하늘은 날더러 구름이 되라 하고
땅은 날더러 바람이 되라 하네.

청룡 흑룡 흩어져 비 개인 나루
잡초나 일깨우는 잔바람이 되라네.
뱃길이라 서울 사흘 목계 나루에
아흐레 나흘 찾아 박가분 파는
가을볕도 서러운 방물장수 되라네.

산은 날더러 들꽃이 되라 하고
강은 날더러 잔돌이 되라 하네.

산서리 맵차거든 풀 속에 얼굴 묻고
물여울 모질거든 바위 뒤에 붙으라네.

민물 새우 끓어 넘는 토방 툇마루
석삼년에 한 이레쯤 천치로 변해
짐 부리고 앉아 쉬는 떠돌이가 되라네.

하늘은 날더러 바람이 되라 하고
산은 날더러 잔돌이 되라 하네.

목계 솔밭 길을 걸어 나와서 길을 걷는 내 마음도 박가분을 팔러 다니는 방물장수처럼 되었다. "하늘은 날더러 바람이 되라 하고/ 산은 날더러 잔돌이 되라 하네."라는 시 구절이 계속 뇌리에 떠나지를 않았다. 이대로 바람이 되고 잔돌이 되어 세상을 떠돌며 살고 싶다는 생각이 들었다.

조금 더 걷다 보니 한강 7경이라는 봉황경이 보였다. 그런데 생각만큼 아름답지는 않다는 생각이 들어서 이상하다 싶었다. 그러다 조금 더 가니 봉황산이라는 산이 나오는데 이 산 위에서 내려다보는 경치가 아름다워서 봉황경이라고 한다고 해서 그때야 이해가 되었다. 경치는 옆에서 보는 것보다 위에서 아래를 내려다보는 것이 더 아름다운 것이 아닌가 싶었다. 그래서 리차드 바크의 『갈매기의 꿈』에서 조나단 리빙시턴 시걸은 더 높은 곳에 올라 더 멀리 조망하려는 의도 가 있었겠지만, 더 아름다운 경치를 보려고 했던 것은 아닐까 싶은 생 각도 들었다. 봉황산에서는 산 쪽으로 올라가지 않고 왼쪽 길로 도로 와 같이 인접한 자전거길을 따라 걷다 보니 봉황산을 돌아서 다시 강 쪽으로 이어졌다. 조그마한 앙성천을 끼고 계속 걷다 보니 앙성면이 라는 이정표가 나왔다. 이곳에서 밭을 가로질러 약간 비탈진 곳에 도 달했다. 왼편으로는 앙성온천, 즉 능암탄산 온천으로 가는 길이 나오 고 오른편으로는 비내 마을로 가는 길이 나온다. 이곳에서 하루 일 정을 마치는 것이 좋을 듯싶어서 또 하루를 접기로 했다.

봉황경의 저녁 풍경 ▲

18일 차
능암온천~여주 강천보

비내 마을과 비내섬

능암탄산 온천이 있는 곳에서 하루를 묵은 후에 아침 일찍 출발했다. '능암탄산 온천'이라고 되어 있는 온천장에서 왼쪽 길로 새바지길이라고 되어 있는 길로 들어서서 비내 마을 쪽으로 걸었다. 걷다 보니 석왕사라는 절이 보이는 곳에 조씨와 관련된 묘지와 공덕비 등이 보였다. 조씨 집성촌인 것 같다는 생각이 들었는데 마을 이름도 조대리였다. 조금 더 걷다 보니 조대경로당이 있는 곳을 지나자 삼거리가 나왔다. 직진하면 그냥 농로 비슷한 길로서 그 길은 비내섬 쪽으로 바로 가는 새바지길이고, 왼쪽으로 보이는 도로는 2차선 도로인데 남한강변길이라고 쓰여 있었다. 더욱이 갈색 나무 이정표가 길 한쪽에 서 있어서 오른쪽으로 가면 탄금대로 가는 길이고 왼쪽 길로 가면 강천보로 가는 길이라고 쓰여 있기에 왼쪽 길로 걷기로 했다. 2차선 도로이지만 다니는 차보다는 자전거가 더 많아서 자전거도로라는 생각이 들 정도로 자전거들이 많이 다녔다. 아마도 남한강을 따라 자전
거들이 제법 다닌다는 생각이 들었다. 양쪽으
로는 넓은 밭이 조성되어 있어 걸으면서도 눈
은 시원했다. 조대리를 지나 1시간쯤 걸으니 왼
쪽 돌에 비내 마을이라고 새겨진 곳이 나왔다.
그곳에서 50m쯤 더 가니 오른쪽에 비내 쉼터

라는 곳이 나와서 여기에서 커피 한 잔을 마셨다. 잠시 후 비내 쉼터
뒤쪽에 있는 다리를 건너서 비내섬으로 향했다. 비내섬은 충주시 앙
성면 조천리에 있는 섬으로서 철새 도래지라고 되어 있었고, 남한강
에 있는 가장 큰 섬이라고 했다. 비내섬은 가을에 갈대꽃이 피었을
때 경치가 좋아서 가을에 캠핑을 오는 사람들도 많다고 한다. 자갈밭
이 넓게 펴져 있어서 섬이라기보다는 자갈이 넓게 쌓인 강변 같다는
느낌이 들었다. 갈대밭이 넓게 펼쳐져 있어 가을에는 장관을 이룰 것

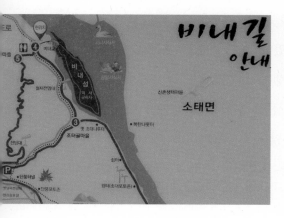

같다. 철새와 갈대밭이 어울
리는 이곳에 가을에 온다면
참 낭만적일 것 같다는 생각
을 하면서 비내섬을 나왔다.

비내섬에서 나와 다리를
건너자마자 오른쪽으로 흙길
이 있어서 그 길로 강을 따

라 걷기로 했다. 흙길을 걸었는데, 얼마 가지 않아서 흙길이 끊어지게 되어 다시 남한강변길 도로로 나왔다. 남한강변길은 차가 그렇게 많이 다니지 않는 길이어서 자전거 여행을 하기에는 참 적절하다는 생각이 들었다. 여기에서부터 강천까지는 강을 따라 계속 걸을 수가 있어서 참 좋았다. 오른쪽에는 남한강이 펼쳐지고 왼쪽으로는 간간이 별장인 듯한 아름다운 집들이 꽤나 있었다. 약간의 부러움을 느끼면서도 지금은 이곳 자연을 즐기는 관광객이 되어 걷고 있으니 마음은 한가롭기만 했다. 남한강변길을 따라 계속 두세 시간을 걷다 보니 샘개라는 곳에서부터는 강에서 벗어나서 강천리로 들어가게 되었다. 강천초등학교를 지나 앙암이라는 곳에서 오른쪽으로 큰길을 따라 샘말 고개와 선바리 고개를 지나서 한 시간쯤 걸었다. 길가에 섬강 휴게소라는 곳이 있어서 지명이 참 이상하다는 생각이 들었다. 섬강이면 원주 옆을 흐르는 강인데 왜 이곳 지명이 섬강 휴게소일까 하는 의구심을 가졌다. 그러나 그 의문은 오래지 않아서 풀렸다. 이곳에서 조금만 더 가면 섬강이 남한강으로 흘러들어 와서 여주로 흘러간다고 했기 때문이다.

🖊️ 다시 강원도 땅으로 들어서다

섬강 휴게소를 지나 단암삼거리에서 부론 쪽으로 걸으니 단암 주유소가 보이면서 저 멀리 남한강대교가 나왔다. 지금 걷고 있는 단암은 충청도에 속하는 곳이지만, 남한강대교를 건너면 강원도 원주 부론으로 들어가게 된다. 한강이 강

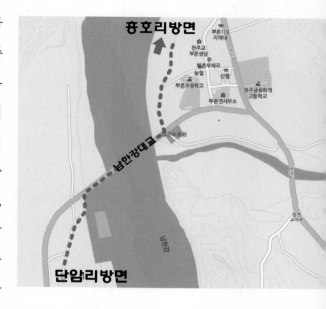

원도에서 시작되어 충청도를 거쳐 다시 강원도로 들어온다고 생각하니 신기했다. 남한강대교를 건너면서 보는 남한강의 모습은 참 예쁘고 아름답다는 생각이 들었다. 옛날에는 이 강을 건너지 못해서 수많은 사연들이 있었으리라 생각하니 마음 한켠이 젖어드는 느낌이었다. 이곳에 얼마나 많은 전설과 사연들이 숨겨져 있을까? 강물은 그런 전설과 사연을 말없이 담은 채 오늘도 유유히 흐르고 있었다.

남한강대교를 건너자 오른편에는 큰 이정표로 "어서 오십시오. 원주시"라는 표지가 있었고, 왼편 큰 돌에 "하늘이 내린 살아 숨 쉬는 땅 강원도"라고 새겨져 있었다. 그 옆에는 강원도 산을 상징하

는 표지석도 놓여 있어 다시 강원도 땅에 들어왔음을 한눈에 알 수 있었다. 다른 표지석에는 원주시 부론면이라는 지명도 있어서 강원도를 실감할 수 있었고, 내 고향 강원도에 다시 들어온 것이 반갑고 좋았다. 다리를 건너자마자 바로 왼편으로 자전거만이 다닐 수 있는 둑으로 형성된 길이 보였다. 둑 양옆으로는 꽃이 잘 조성되어서 강과 참 잘 어울린다는 생각도 들었다. 둑길은 견훤로라고 되어 있었는데, 원주 부론이 견훤과 관련이 있다는 사실은 처음 알았다. 충주는 후삼국 시대 양길이 도읍을 정했던 곳이고, 궁예와도 관련이 있었던 곳이었지만 견훤이 이곳과 관련이 있다는 것은 의외였다. 역사적 사료가 없이 그냥 이렇게 이름을 짓지는 않았으리라 생각되어 관심이 생겼다. 이곳 견훤로라 불리는 둑길도 자전거를 타고 가면 시원하게 달릴 수 있을 것 같았다. 이런 생각을 하면서 둑길을 따라 40분쯤 걷다 보니 이정표에 "팔당대교 85km, 충주댐 57km"라고 쓰여 있었다. 아마도 강을 따라 자전거를 타고 가면 그만큼의 거리라는

▲ 남한강과 섬강 합류지점

뜻인 것 같았다. 이정표에서 30분 정도 더 걸어가니 절벽이 있는 산이 앞에 보였는데, 이곳이 남한강과 섬강이 만나는 곳이었다. "섬강 남한 강 합류지점"이라는 표지가 있었다. 이곳이 예전에는 개치 나루가 있던 곳이었으며 조금 더 가면 섬강교가 나온다고 되어 있었다.

섬강과 바위늪경

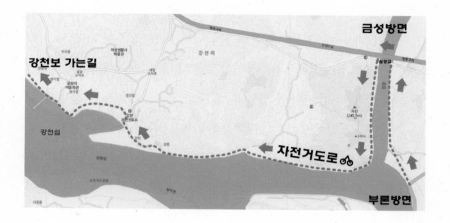

정철의 관동별곡에 "섬강은 어드메오, 치악이 여기로다."라고 읊었던 장면을 생각하니 송강의 정감이 새삼 느껴지는 느낌이었다. 이곳에서부터는 남한강을 따라 걷는 것이 아니라 섬강을 따라 걷게 되었다. 남한강을 보다가 섬강을 보니 작은 개천을 보는 느낌이 들었다. 흥호 배수장이라는 곳을 지나 앞쪽을 바라다보니 섬강 위로 두 개의 큰 다리가 보였다. 위로 보이는 큰 다리는 영동고속도로가 지나는 섬강대교이고, 아래로 보이는 다리는 또 다른 섬강교였다. 아래쪽의 작은 섬강교를 건너서 강천 2리를 지나서 섬강로를 따라서 1시간쯤 걸었다. 가다가 여주와 강천리로 갈라지는 삼거리가 나왔는데, 왼쪽 편 강천1리 쪽으로 가면 강천섬이 나온다고 해서 강천섬 쪽으로 내려갔다. 내려가다가 네 갈래 길이 나오는 지점에서 직진에 가까운 왼편 길로 내려갔다. 강천 보건진료소를 지나서 강 쪽으로 더 내려가니 한강 6경이라 불리는 바위늪경으로 가는 잠수교가 나왔다. 자전거만이 다닐 수 있는 이 다리를 건너니 바로 강천섬 유원지가 나왔는데, 유원지 앞이 바위늪경이라고 했다. 주위에는 갈대밭과 하천 특유의 풀들이 즐비하게 있었고, 갈대와 꽃이 어울리는 풍경이 보기 좋았다. 길 양쪽으로는 나무 울타리를 만들어 놓아서 걷기도 좋고 풍광도 좋았다. 기분 좋게 걷다 보니 단양쑥부쟁이 서식지라는 표지가 보였다. 단양쑥부쟁이와 일반 쑥부쟁이는 구분을 하기가 어려웠다. 길에는 달맞이꽃이 가득 피어 있어서 노란 물결을 이루어

서 기분이 좋았다. 완벽하게 시민을 위한 공원이라는 느낌이 들 정도로 축구장만큼의 큰 잔디밭이 길 옆에 서너 군데가 있었다. 그런데 이곳에는 식당이

강천섬의 잠수교 ▲

나 숙박시설 등 집은 한 채도 없어서 오직 자연만 즐길 수가 있어서 그것이 참 좋았다. 자연에 인공적인 것이 생기면 환경은 늘 파괴되는 것이기 때문이다. 길을 따라 계속 걸으니 강천섬을 빠져나가는 또 다른 잠수교가 나왔다. 그 다리를 건너서 왼쪽으로 강천보를 향해서 남한강을 따라 계속 걸었다. 강천보로 가는 길은 잘 정비가 되어 있었다. 강천보에서 물을 막아 놓아서 그런지 수량이 풍부해서 강폭은 훨씬 넓어 보였다. 강천섬에서 강천보까지 가는 강변은 공원처럼 잘 조성되어 있었다. 강천보에 이르기 직전 영동고속도로가 지나는 남한강교가 높이 솟아 있었다. 남한강교 밑을 지나 오른편에 있는 가

야리라는 곳을 지나자 저 멀리 강천보가 보였다. 강천보 다리에는 요트의 돛 모양의 조형물을 설치해 놓아 보의 다리가 상당히 아름답게 느껴졌다.

🖎 한강 제5경 신록경과 강천보

가야리를 지나서부터는 강 쪽으로는 은색의 굵은 강철로 가드레

일을 설치해 두었고 오른쪽은 절벽처럼 되어 있었다. 절벽과 절벽 아래에는 노란 꽃들이 정겹게 피어 지나는 객을 반갑게 맞아주었다. 강천보에 가까이 와서 보니 그 웅장함이 넘쳐났다. 강천보 끝자락 산에는 대순진리교 본당인 듯한 건물이 크게 서 있었다. 강천보 다리를 건너면서 바라보는 아름다운 경치는 한강의 제5경인 신륵경이라고 한다. 아마도 여주의 유명한 절인 신륵사가 가까이 있기에 붙여진 이름이 아닌가 싶었다. 강천보 다리를 건너서 한강 문화관 쪽으로 갔다. 한강 문화관은 공원처럼 잘 조성해 놓은 곳에 세워진 3층 건물로서 한강의 모든 것을 전시해 두었다. 한강 문화관은 강천보뿐만 아니라 한강의 모든 역사와 문화를 자세하게 박물관처럼 전시해둔 곳이었다. 한강 문화관을 둘러보면서 지금까지 걸어온 한강과 앞으로 걸어갈 한강의 모습을 정리할 수 있었다.

특히 이곳 전시관에서 고려 말의 고승이었던 나옹화상이 지었다는 「청산은 나를 보고」라는 제목의 칠언고시(七言古詩)로 지어진 한시가 눈에 띄어 가슴에 새겨졌다.

청산은 나를 보고

나옹선사(懶翁禪師)

청산은 나를 보고 말없이 살라 하고
창공은 나를 보고 티 없이 살라 하고
사랑도 벗어놓고 미움도 벗어놓고
물같이 바람같이 살다가 가라 하네.
청산은 나를 보고 말없이 살라 하고
창공은 나를 보고 티 없이 살라 하고
성냄도 벗어놓고 탐욕도 벗어놓고
물같이 바람같이 살다가 가라 하네.

한강길을 걷는 내내 이 시는 내게 화두처럼 다가왔다. 저렇게 살고 싶은데 인간사의 모든 것을 떨치지 못하고 사는 나 자신이 부끄럽기만 했다. '성냄도 벗어놓고 탐욕도 벗어놓고 물같이 바람같이' 살고 싶었다. 그렇게 살고 싶다는 바람을 안고 한강 문화관을 나섰다.

한강에는 총 3개의 보가 세워져 있는데 강천보, 여주보, 이포보이다. 이 보가 세워진 곳들 모두가 한강 8경에 들어가 있었다. 한강 8경은 제1경이 두물경으로서 남한강과 북한강이 만나는 두물머리에 있는 곳이며, 제2경은 양평에 있는 억새경이고, 제3경은 이포보에 있는 파사경, 제4경은 여주보에 있는 이능경, 제5경은 강천보에 있는 신륵경, 제6경은 강천섬에 있는 바위늪경, 제7경은 봉황경, 제

▲ 여주 한강문화관 전경

8경은 탄금경을 말한다. 이중 3개는 인공적인 것으로 만들어진 경치이고, 나머지 5개는 자연적인 것들이었다.

한강 문화관을 둘러보고 나니 해가 지고 있어서 신륵경에 비치는 일몰을 감상한 후 이곳에서 하루를 접고 내일을 기약하기로 했다.

여주는 둘러볼 곳이 많아서 하루쯤 시간을 내서 둘러보면 좋을 듯싶었다. 세종대왕릉과 효종왕릉이 있는 영릉과 원효대사가 창건해서 영릉의 원찰로 유명한 신륵사, 그리고 비운의 왕비인 명성황후의 생가 및 황학산 수목원이 유명하다는 얘기를 들었지만 다 들를 수는 없을 것 같았다. 다만 한강을 따라 걷다가 세종대왕의 영릉은 한번 들러보고 싶다는 생각이 들었다. 마침 한강길을 걷다가 잠깐 들를 수 있는 위치인 것 같아서 여주보로 가는 길에 잠시 들러 참배를 하고 가려고 마음먹었다.

🖊 세종대왕과 영릉

 강천보 근처에서 숙식을 하고 아침 일찍 강천보를 출발하여 여
주보로 향했다. 여주보로 가는 길은 자전거길로 그냥 계속 직진하면
되는 것이어서 강변을 따라 걸었다. 잘 조성된 강변을 따라 계속 이
어지는 자전거길은 걷기에도 참 좋았다. 한 시간쯤 걷다 보니 세종
대교 아래 양섬이라는 반달 모양의 섬이 있었는데, 시민공원으로 잘
정비가 되어 있었다. 야구장이 두 개나 조성될 정도로 큰 섬이었다.
야생초 화원과 야영장과 철새관찰 데크 등이 제대로 잘 정비되어서
시민들이 많이 이용할 것 같았다. 강의 아름다움과 잘 조화가 되어
서 참 보기 좋은 섬으로 느껴졌다.

 이곳 양섬에서 세종대왕의 영릉이 멀지 않다고 되어 있어서 섬에
서 나와 왼편 이정표를 따라 세종대왕릉 삼거리를 거쳐서 세종대왕
교차로에서 왼쪽으로 들어가니 세종대왕릉인 영릉이 나왔다. 영릉
은 그냥 세종대왕의 무덤만 있는 줄 알았는데 이곳에 와서 보니 두
개의 영릉이 있었다. 하나는 세종대왕과 소헌왕후의 합장묘인 영릉
(英陵)이 있고, 다른 하나는 효종대왕과 인선왕후가 각각 모셔져 있

는 영릉(寧陵)이 있었다. 두 개의 묘를 다 들르고 싶은 마음도 있었지만, 시간이 부족해서 세종대왕의 영릉에 들르기로 했다. 이곳 영릉은 시험을 준비하는 학생이나 부모들이 시험을 앞두고 참배를 하는 곳이라는 얘기도 들어서 취직시험에 몰두해 있는 딸을 둔 아빠로서 참배하고자 하는 마음을 가졌다. 문과 시험을 치르는 학생과 부모는 세종대왕의 영릉에 참배하고, 무과 시험을 치르는 학생과 부모는 효종대왕의 영릉에 참배한다는 얘기를 들었다. 두 임금의 성향을 보면서 그렇게 한 것 같다는 생각이 들었다. 책을 좋아하고 한글을 만들어 우리나라의 문화를 꽃피운 세종대왕의 성향은 문과 쪽이었을 것이고, 북벌을 주장하고 나라의 힘을 키우고자 했던 효종대왕의 성향은 무과 쪽이었을 것이어서 후대에 그렇게 참배를 하지 않았을까 하는 생각을 하면서 세종대왕의 영릉으로 들어섰다.

영릉(寧陵) ▲

영릉은 세종과 소헌왕후가 함께 묻힌 곳으로서 왕릉으로서는 최초의 합장릉이라고 한다. 세종은 살아서도 소헌왕후와 사이가 좋아서 일곱 대군을 둘 정도였는데, 돌아가셔서도 같이 묻혀서 영생을 함께한다고 생각하니 가슴이 뭉클했다. 세종의 다른 면모를 느끼면서 세종대왕에 대해 다시금 존경하는 마음이 샘솟았다. 이곳 영릉은 천하의 명당으로 전해지기도 한다. 이곳 영릉 덕분에 조선의 국운이 100년은 더 연장되었다는 말이 있을 정도라고 한다. 세종대왕께서는 살아서도 우리나라에 보탬이 되셨고, 돌아가셔서도 우리나라에 보탬이 되시는 정말 최고의 대왕이시구나 하는 생각을 하면서 영릉으로 향했다. 영릉은 본래 태종의 헌릉 옆에 있었다. 세조 즉위 후 왕릉을 옮기는 것이 논의되다가 예종 때 현재의 여주로 이장하게 되었다고 한다. 여기에는 천하의 명당과 관련된 일화가 전해진다고 한다.

영릉이 위치한 묫자리의 주인은 이계전이라는 사람이었다. 이계전은 죽으면서 묘 근처에 재실이나 다리를 놓지 말라는 유언을 남겼다. 그러나 후손들은 재실을 만들고 징검다리를 놓았다고 한다. 세종의 묘를 이장할 곳을 찾던 지관이 어느 날 이곳 여주에서 큰비를 만나게 되어 그만 이계전의 재실에 들어가 비를 피하게 되었다. 빗속에서 이계전의 묘를 보니 신기한 기운이 서렸다고 한다. 비가 그친 후 다리를 건너서 이계전의 묫자리를 자세히 살펴본 지관은 이곳이 천하의 명당임을 느꼈다. 그래서 한양으로 돌아와 왕에게 최고의 명당이라고 추천하여서 결국 묫자리의 주인이 바뀐 것이라는 얘기가 전하고 있다.

영릉의 능침 공간은 상계, 중계, 하계로 나뉘어 있었다. 상계는 능침, 석호, 석양, 망주석, 혼유석이 있었고, 중계는 장명등, 문인석, 석마가 있었으며, 하계에는 무인석, 석마가 있었다. 대부분의 조선 왕릉은 능침 공간이 개방되지 않지만, 영릉은 중계와 하계 사이를 들어갈 수 있게 해놓아서 자세하게 볼 수 있었다. 능침 정면의 좌우에 문인석과 무인석이 있고 그 뒤에는 석마가 있었다. 말을 정교하게 만들어 놓아서 왕은 죽었지만, 왕이 명령을 내리면 언제든지 말을 타고 명을 따르겠다고 서 있는 듯했다. 영릉은 세종과 소헌왕후의 합장릉이기 때문에 혼유석이 두 개였다. 혼유석은 혼령이 노니는 곳이라는 뜻으로 상석이라고도 한다. 혼유석을 떠받치고 있는 네 개의 고석은 사악한 것을 경계한다는 의미로 거북이 얼굴을 새겨 놓은 것이 인상적이었다.

영릉에 올라 세종대왕께 정중하게 참배를 하면서 딸아이의 좋은 성적을 진심으로 기원했다. 한편, 세종대왕께 진심으로 감사하는 마음을 참배하는 내내 담아서 기원했다. 그리고 영릉을 돌아서서 입구 쪽을 바라보니 절로 감탄이 나왔다. 멀리 겹겹이 능선이 겹쳐 지나가는 모습은 풍수를 모르는 사람일지라도 이곳이 명당임을 알게 해주었다. 영릉 앞에 펼쳐지는 홍살문과 훈민문의 모습은 이곳이 성지처럼 느끼게 해주었다.

🔙 여주보와 이포보

영릉을 나와서 다시 여주보로 향했다. 강천보에서 여주보까지 그냥 걸으면 2시간 정도밖에 소요되지 않지만, 영릉에 들러서 참배하고 오느라 오전 시간을 다 지내고 여주보에 도착했다. 여주보 위 다리에는 물시계 모양의 큰 기둥이 즐비하게 서 있었으며, 여주보 입구와 보의 벽에는 세종대왕께서 창제하신 훈민정음이 새겨져 있었다. 여주보에서는 다리를 건너서 가는 것이 이포보로 가는 데 편리할 것 같았고, 강 건너편의 다른 모습도 볼 수 있을 것 같아서 여주보 다리를 건너서 걷기로했다. 여주보 다리 입구에는 이포보 14km라는 글이 바닥에 씌어 있었다. 다리를 건너는 도중에도 붉은 색 도로 위에 탄금대 77km, 팔당대교 59km라는 글씨를 써서 이정표를 대신하는 것이 보였다. 여주보 다리에서 보이는 남한강의 모습은 이능경이라는 한강 제4경의 이름이 잘 어울릴 정도로 아름다웠다. 넓은 강도 아름다웠고, 잘 조성된 강변의 초록도 참 아름다웠다. 비록 인공적인 모습이기는 하지만, 잘 정비를 해두어서 많은 관광객이 찾을 것 같았다. 더욱이 자전거를 타고 여행을 하는 사람들이 많았다. 자전거를 타고 달리는 모습이 보기 좋았다. 그들도 이 아름다운 경치 속을 달리면서 마음의 스트레스를 다 날려버릴 수 있을 것 같다는 생각이 들었다. 여주보 다리 건너편도 넓은 초지로 조성되어 있었다. 자전거길이 잘 정비되어서 길을 걷는 내내 길바닥에 이정표가 그려져 있었고, 팔당대교까지 남은 거리를 잘 표시해 두어서 걷기가 참 좋았다. 여주보에서 이포보까지 가는 동안에 강 주변이나 보 주변에는 여러 가지의 캠핑시설과 자동차 캠핑시설, 야외극장 등 시설들이 아주 잘 갖춰져 있어서 걷는 길이 지루하지는 않았다. 여주보에서 출발해서 1시간 30분쯤 걷다 보니 이포보가 나왔다.

이포보는 다른 보와 마찬가지로 뛰어난 경관을 자랑하고 있었다. 역시 한강 3경이라 불릴 만하다는 생각이 들었다. 이포보는 지금 도착한 부분이 우안이라고 되어 있었고, 건너편은 좌안이라고 되어 있었다. 우안 쪽에 전망대가 설치되어 있었다. 전망대는 계단을 이용하거나 엘리베이터로 갈 수가 있게 되어 있었는데, 올라서는 순간 이포보 다리를 한눈에 볼 수가 있었다. 이포보는 바깥쪽으로 활처럼 휜 모습이었다. 우안 가까운 곳의 강 쪽에 수중광장이 둥글게 만들어져 있어 그 모습 또한 전망대에서 볼 때 참 볼만했다.

이포보 우안에 도착하기 직전에 안내판에 '천서리 막국수촌'이라는 곳이 보였다. 막국수로 유명한 곳이라고 해서 들르고 싶었지만, 식사 시간 때도 되지 않았고 오늘은 다시 집으로 돌아가야만 해서 서둘러야 했기에 아쉽게 그냥 돌아서야만 했다. 이포보 우안에서 좌안으로 건너서 이포리가 있는 금사면으로 가서 시내버스를 타고 여주로 가려고 했다. 하지만 긴 여정에 무척 지쳤고 빨리 집에 가고 싶은 마음에 택시를 탔는데, 택시비가 생각보다 엄청 나왔다. 하지만 여주에서 바로 태백으로 가는 버스가 없어 원주까지 가서 원주에서 기차를 타야 했기에 서둘러야만 해서 어쩔 수 없었다. 버스를 타고 원주에 와서 태백으로 오는 기차에 몸을 실었을 때는 몸을 가누기도 힘들 정도로 파김치가 되는 기분이었다.

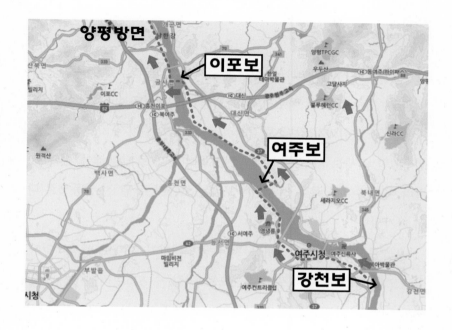

📝 양평대교와 억새경

　여러 가지 사정이 있어서 한강길 걷기를 못하다가 두 달이 지난 후에 다시 여주로 왔다. 여주시외버스터미널에서 이포보로 가는 시내버스를 타고 종점까지 갔다. 종점에서 15분 정도 걸어서 지난번 발길을 멈추었던 이포보 좌안에서 다시 새로운 마음으로 출발점에 섰다. 저 멀리 이포보 우안 쪽에 전망대가 보이는 모습이 두 달 전 감동으로 다시 다가왔다.

　오늘은 이포보에서 양평을 지나 국수역까지 가기로 마음먹었다. 양평으로 가는 길은 이포보 우안으로도 갈 수 있고, 좌안에서도 갈 수도 있었다. 이포보 입구에 근무하는 분에게 물어보니 자전거로 가려면 우안 길이 좋고, 도보로 가려면 좌안 길이 좋다고 해서 이번에는 좌안에서 출발해서 남한강을 따라 걷기로 했다. 좌안 길로 자전거길을 따라 2시간 정도 걷다가 작은 하천이 나와서 전북교라는 다리를 건너니 길이 양쪽으로 갈라졌다. 오른쪽 강변 쪽으로 자전거길을 따라서 걷다 보니 앞에 산이 나왔다. '달빛이 머무는 집'이라는 이름이 멋진 펜션이 있다고 해서 그곳으로 갔더니, 그곳에서 길이 끊어져 버렸다. 어쩔 수 없이 산으로 올라가서 길이 없는 곳을 헤매다 보니 철망이 길게 처져 있는 곳에 다다랐다. 철망 오른편으로는 남한강이 내려다보이기에 그 철망을 따라 1시간 정도 산을 빙 돌았다. 그러다 상당히 큰 휴양시설 같은 곳이 보여 그쪽으로 내려가니 코바코 연수원이라는 곳이었다. 그곳에 근무하는 직원에게 길을 물으니 강변을 따라가는 길이 없다고 해서 할 수 없이 그곳에서부터는 차도를 따라 양평대교를 향해서 걸었다. 차도의 이정표에 '소록샘들', '작은 안터', '작은 새골', '큰 새골' 등 순우리말 지명이 있어서 참 정답다는 생각이 들었다. 이제 한자가 많이 사라지고 우리말로 지명을 적는 경우가 많다는 것을 느끼면서 좋은 현상이라고 생각했다. 간간이 오른쪽으로 남한강이 보였는데, 강을 바라보면서 걷는 길이 매우 정겨웠다. 1시간 정도 걷다 보니 강상면 사무소가 나오면서 양평으로 들어섰다는 느낌이 들었다. 강상면 시내에는 식당들이 제법 있어서 그곳에서 국밥 한 그릇을 점심으로 먹었다. 양평이 가까워지면서 큰 식당들이 연이어 있어 식사하기는 좋았다. 강상면을 지나자 바로 강상체육공원이 강변에 펼쳐져 있고 그 가운데 웅장한 양평대교가 펼쳐져 있었다.

양평대교에서 바라보는 남한강의 모습은 또 하나의 장관이었다. 한강 제2경이라 불리는 억새경이 한눈에 펼쳐져 있어서 참 볼만했다. 서쪽 저 멀리는 양근대교와 양근섬이 한눈에 들어오고 양평대교 건너편에는 양평군이 펼쳐져 있었다. 양평대교를 건너서 왼쪽 길로 접어들어 자전거길로 걷기로 했다. 양평은 말 그대로 자전거 시설 도시라 불릴 정도로 자전거길이 잘 되어 있었다. 몇 년 전까지만 해도 기차가 다녔던 철로를 자전거길로 개조해서 자전거로 여행하는 사람들은 정말 최고의 길이겠구나 싶었다. 한편, 도보로 여행하는 사람들에게도 이 자전거길은 한가로이 걸을 수가 있어서 좋겠다는 생각이 들었다. 특히 기차 터널을 자전거길로 만들어놓아서 상당히 더운 여름에 그곳을 통과했는데, 터널이 3개 정도 있어서 그곳을 통과할 때는 더할 나위

없이 시원함을 느끼면서 상쾌하게 걸을 수 있었다. 양평대교를 건너서 20분쯤 걷다 보니 양근대교가 나왔다. 대교를 건너지 않고 지나갔는데, 양근섬이라고 하는 제법 큰 섬이 강변에 있었다. 주로 체육시설로 이용할 수 있도록 주차장과 축구장, 배구장, 족구장 등이 만들어져 있어서 보기가 좋았다. 양근섬이 보이는 곳 옆을 지나다 보니 물안개 공원이라는 이름이 참 예쁜 공원이 있었다. 그 공원 길의 이름도 물소리길이라고 되어 있어서 참 이름이 좋다는 생각이 들었다. 물안개 공원 옆에는 천주교 수원교구 양근 성지가 잘 정돈되어 있어 가던 이의 발걸음을 붙잡았다.

🖊️ 천주교회의 요람 양근 성지

　양근 성지는 천주교회의 요람이라고 부른다고 되어 있었다. 이승훈 베드로가 1784년 북경에서 세례를 받은 후 한강 수표교 이벽의 집에서 이벽과 권일신에게 세례를 주었고, 현재의 양평군 강상면 대석리 대감 마을에 살고 있던 권철신에게 세례를 베푼 후 천주교 신앙생활을 실천한 곳이었다고 한다. 또한, 이곳으로부터 충청도와 전라도로 천주교 신앙이 전파되었다는 뿌리 깊은 곳이었다. 더욱이 그 당시 우리나라에는 신부님이 계시지를 않아서 지도급 평신도들이 가성직 제도(성직자가 있는 것이 아니라 그냥 평신도가 성직자처럼 미사를 집전하는 성직제도)로 성직자 역할을 하며, 미사와 견진성사를 2년간 집전했던 곳이었다고 해서 한국 천주교회의 요람이라고 불린다고 했다. 아홉 분의 순교자 묘지가 모셔져 있는 양근 성지에서 잠시 순교자들을 위한 기도를 바친 후에 다시 길을 떠났다.

자전거길을 따라 걷다 보니 도곡 터널이라는 첫 번째 터널이 나왔다. 터널 길이는 680m라고 되어 있었는데 터널에 들어가자 언제 더웠냐 싶을 정도로 시원하고 쾌적했다. 밖으로 나가기가 싫을 정도로 시원하고 좋아서 다음 터널이 기다려질 정도였다. 자전거길을 따라 걷다가 매봉산이라는 지명이 나와서 참 정겨웠다. 태백에 있는 매봉산과 지명이

같아서 고향 같다는 생각이 들었다. '매봉산 맑은 절'이라는 사찰 이름이 정말 신선하게 느껴졌다. 우리나라의 절 이름은 대다수 한문으로 되어 있었지만, 이곳은 순수한 우리말로 되어 있고, 그 뜻이 가슴에 와 닿아 가보고 싶다는 생각이 들 정도였다. 그렇게 자전거길을 따라 터널 2개를 더 지나자 국수역이 나왔다. 국수역은 경의중앙선이라고 하는 지하철이 양평까지 연결된 역 중의 하나였다. 국수역에

도착한 시간이 오후 5시가 되어서 이곳에서 하루를 접기로 했다. 국수역 앞에서는 묵을 곳이 마땅하지 않았다. 국수역 정면으로 길을 건너가서 5분쯤 걸어가다 왼편으로 들어서니 국수리 보건지소가 나오고, 그곳을 조금 더 지나서 가니 아담한 모텔이 하나 있어서 그곳에서 묵기로 했다. 모텔을 잡은 후에는 저녁은 '국수리 국수집'이라는, 이름이 특이하고 재미있는 식당에서 먹기로 했다. 수제비와 국수를 다양한 재료로 요리하는 집이었는데, 녹두빈대떡과 막걸리 한 잔으로 여독을 달래면서 먹는 국수 맛이 일품이었다. 막걸리 한 잔을 마시면서 하루를 마무리하는 나그네의 마음을 충분히 달래줄 수 있는 집이었다. 내일은 서울까지 긴 거리를 걸어야 할 것 같아서 아쉽지만, 막걸리 한 잔으로 지친 몸과 마음을 달랜 후에 일찍 잠자리에 들었다.

21_{일 차}
양평 국수역~강동대교

✎ '최우수' 아름다운 도로 용담대교

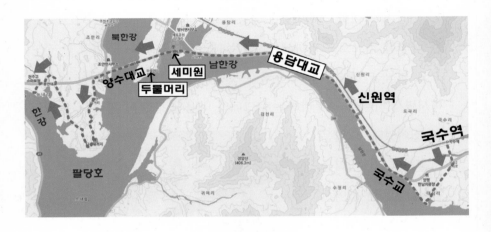

　새벽 5시에 출발해 보행자겸용도로와 자전거길을 오가면서 최대한 강변을 따라 걷기로 하고 길을 나섰다. 양평 만남의 광장을 지나서부터 강가의 도로는 자동차 전용도로여서 강을 따라 걸을 수가 없었다. 산 아래쪽 언덕 위에 예전에 기차가 다니던 철길을 자전거길로 만들어 놓았기에 그 길을 걸었다. 자전거가 양방향으로 다닐 수 있도록 조성해 놓아서 걷기는 좋았다. 강을 내려다보며 걷는 길이어서 기분도 상쾌했다. 자전거길을 따라 한 시간 반쯤 걷다 보니 월

계곡이라는 곳을 지나면서 강을 따라 용담대교라는 긴 다리가 보였다. 일반적인 다리는 강을 건너기 위해 만들어진다. 하지만 용담대교는 도로를 확장하면서 강 위에 건설한 도로였다. 30분쯤 걸으면서 보는데도 다리가 계속 이어지는 것으로 보아 진짜 긴 다리라는 생각을 했다. 용담대교(龍潭大橋)는 경기도 양평군 양서면 용담리와 양서면 신원리를 잇는 총 길이 2.38km의 다리라고 한다. 기존의 왕복 2차로인 6번 국도를 4차선으로 확장하면서 건설되었으며, 2002년 제1회 아름다운 도로 최우수상을 받았다고 한다. 2006

년 한국의 아름다운 길 100선에 선정되었다고 하는 안내문을 보니 정말 그 말이 실감이 났다. 용담대교 위를 운전한다면 남한강 위를 달리는 듯한 느낌을 받을 것 같았다. 용담대교가 끝나는 곳에 있는 검천 나루에서부터는 자전거길이 터널을 지나 산속으로 이어지게 되어 남한강이 더 이상 보이지 않았다. 터널을 지나 산으로 가는 길을 돌아 한 시간쯤 가서 양수역 앞에서 다시 양서면 시내로 들어갔다. 양수역에서 왼편으로 돌아서 양서면사무소를 지나 10분쯤 남한강 쪽으로 걸어가니 세미원이라는 곳이 나왔다.

✏️ 세미원과 두물머리

세미원은 경기도로부터 약 100억 원의 자금을 지원받아 조성한 대표적인 수생식물을 이용한 자연정화공원이라고 한다. 면적 18만㎡ 규모에 연못 6개가 있으며, 연꽃과 수련, 창포가 엄청 많이 있었다. 이 6개의 연못을 거쳐 가는 한강 물은 중금속과 부유물질이 거의 제거된 뒤에 팔당댐으로 흘러갈 수 있도록 구성되어 있다고 하니 정말 대단한 곳이 아닐 수 없었다. 선조들이 수련과 연꽃을 보며 자신의 마음을 씻기 위해 애쓰며 느낀 바를 읊은 시와 그림들을 함께 전시해 두어서 볼거리가 정말 많았다. 세미원이라는 어원(語源)은 '물을 보며 마음을 씻고, 꽃을 보며 마음을 아름답게 하라'는 '관수세심 관화미심(觀水洗心 觀花美心)'이라는 옛말에서 찾아볼 수 있다. 장자가 말씀하신 이 말에 걸맞게 흐르는 한강 물을 보며 마음을 깨끗이 씻어내자는 상징적인 의미로, 모든 길을 빨래판으로 조성하였다는 것이 정말 인상적이었다. 세미원에 있는 길은 빨래판 모양으로 조성되어 있어서 내 마음도 빨래하듯이 씻고 싶었다. 세미원은 여름에 연꽃축제로도 유명하지만 봄에는 서울에서 가장 먼저 매

화를 볼 수 있는 곳으로도 유명하다고 한다. 특히, 밤 풍경이 아름답다고 하는데, 길이 바빠 볼 수 없는 것이 정말 아쉬웠다. 하지만 한강길 걷기를 마치고 나서 연꽃축제를 할 때 책을 쓰기 위해 박인수 선생 내외와 집사람과 함께 와서 밤 풍경을 보았다. 밤의 풍경은 가히 환상적이었다.

세미원과 두물머리는 배다리로 연결되어 있어서 쉽게 건널 수가 있었다. 두물머리는 일반적으로 두 강물이 머리를 맞대듯이 만나 하나의 강으로 흐르는 곳의 지명으로 사용된다. 합수머리, 두머리, 이수두(二水頭), 양수두(兩水頭) 등으로도 불린다고 한다. 북한강과 남한강이 각각의 물길로 흘러와서 경기도 양평군 양서면 양수리에 있는 이곳 두물머리에서 합쳐진다. 그리고 한강이라는 하나의 이름으로 위엄 있는 물길을 만들어 서울로 흘러간다. 현재의 양수리(兩水里)라는 지명은 두물머리를 한자로 옮긴 것이다. 세미원을 지나서 두물머리 둘레길을 걷는 것도 인상적이었다. 두물머리 끝 지점에서 바라보는 풍경은 강 둘레가 엄청 넓어서 호수가 아닌가 싶을 정도로 웅장하고 장엄했다.

두물머리 끝 지점에는 특별한 나무가 있었는데, '두물머리 소원나무'라고 되어 있었다. 돌로 새긴 곳에는 "두물머리 소원 들어주는 나무"라고 새겨져 있었다. 이 나무에 얽힌 이야기가 다음과 같이 돌에 새겨져 있었다.

"두물머리에는 예로부터 사람들이 소원을 비는 도당 할매와 도당 할배라 불리는 느티나무가 있었습니다. 하지만 도당 할매 나무는 강물에 수몰되었고, 현재는 400여 년 된 도당 할배 나무만 남아 그

아래에서 마을의 안녕을 위한 도당제를 지내왔습니다. 어느 날부터 두물머리에는 새로운 느티나무 두 그루가 자랐는데, 어떤 이가 말하기를 도당 할매와 도당 할배의 후손이라 하였습니다. 그 후 사람들은 그 나무를 두물머리 소원나무라 부르며, 소원을 빌었습니다."

소원나무 아래에서 이 한강길 걷기를 무사히 마칠 수 있기를 가만히 빌었다. 그리고 두 강이 합쳐서 하나의 강이 되어 우리나라가 발전했듯이, 남과 북이 이렇게 합쳐져서 더 위대한 대한민국이 만들어지기를 기원했다.

이곳에 머물면서 하루를 한적하게 보내고 싶다는 마음도 들었지만, 먼 길을 가야 해서 아쉬운 발길을 돌려야만 했다. 훗날 한강길 걷기를 마친 후에 책을 만들기 전에 집사람과 박인수 선생 내외와 함께 이곳에 다시 와서 하루를 세미원과 두물머리에 머물며 그 풍광을 충분히 즐겼다. 한강길 걷기를 했던 추억을 되새기며 책에 넣을 사진도 찍었다. 한강길을 걸을 때는 느끼지 못했던 정감을 연꽃축제가 열리는 날 밤 풍경을 보며 혼자가 아닌 여럿이서 함께 나누니 더 정겹게 와 닿았다.

🖊 북한강과 다산 유적지

빨리 서울의 한강을 만나고 싶은 마음에 발걸음을 재촉해서 지금까지 걸었던 남한강이 아닌, 북한강을 가로지르는 북한강 철교를

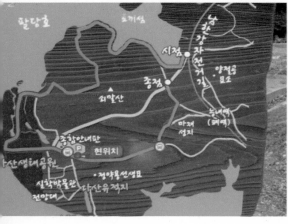

건너게 되었다. 북한강 철교는 예전의 철도가 다니던 다리를 자전거 도로용 다리로 개초를 해 놓은 다리였다. 바로 오른쪽에는 새로 난 철도 다리가 놓여 있고, 두물머리가 있는 쪽으로는 웅장한 자태의 양수대교가 보였다. 북한강 철교 아래 흐르는 물이 금강산에서 흘러내린 물이 인제를 거쳐 이곳까지 왔다고 생각하니 마음 한켠이 짠하게 울림으로 와 닿았다. 북한강을 건너 왼편으로 길을 들어서서 북한강을 끼고 건너편 두물머리를 보면서 길을 걸었다. 조안면사무소를 지나서 아래쪽 강 쪽으로 내려가니 다산 유적지와 다산 생태공원이 나왔다. 다산삼거리를 지나 다산로를 따라 30분쯤 걸으니 정약용 선생 묘소가 나오고, 그 아래쪽에 다산 유적지가 펼쳐져 있었다. 다산기념관, 다산문화관, 실학박물관 등이 있었지만, 시간 관계상 다 들르지 못하는 아쉬움을 안고 그냥 둘러만 보았다. 다산생태공원에는 생태연못, 생태습지, 연꽃단지, 수생식물원 등이 갖추어져 있어서 세미원 못지않은 장관을 뽐내고 있었다. 많은 관광객이 차를 가지고 와서 붐빈다는 생각이 들었다. 다시 쇠말산이라는, 산 옆의 고갯길로 걸어서 고개를 넘으니 오른편으로 마재 성지라는 표시가 있었지만, 거리가 제법 멀어서 아쉽지만 그냥 돌아섰다. 그리고 조금 더 걸으니 "양절공 한확의 묘"라는 표시가 보였다. 묘소까지는 25m밖에 되지 않아서 누구이기에 저렇게 표시를 하나 싶어서 궁금한 마음에 잠깐 들러서 참배를 했다.

양절공묘와 인수대비

양절공 한확은 조선 초 세조 때의 문신이라고 하는데, 성종의 어머니인 인수대비의 아버지였기에 성종이 특별히 이곳에 외할아버지의 묘를 크게 세우게 했다고 한다. 인수대비는 사도세자의 아픔을 기록한 『한중록』의 주인공인 혜경궁 홍씨와 더불어 조선의 역사에서 가장 불행했던 여인들 중의 한 명이었다. 조선 역사에서 왕에 오르지 못하고 왕으로 추증된 임금이 두 명 있는데 성종의 아버지인 덕종과 정조의 아버지인 장조(사도세자)이다. 두 분은 세자로 있다가 왕에 오르지 못하고 죽은 후에 그 아들들이 왕에 오름으로써 왕으로 추증된 비운의 왕들이다. 그렇게 추증된 두 임금의 부인이 바로 양절공의 따님이었던 인수대비이고, 다른 한 분은 혜경궁 홍씨로 널리 알려진 헌경왕후였다. 그래서 드라마와 영화에서도 이 두 분의 비극을 다룬 것이 참 많은 것이라는 생각이 들었다.

한확의 딸인 인수대비는 학문도 뛰어나고 정치적으로도 매우 영민한 머리를 지니고 있어 세조의 맏며느리로서 각별한 총애를 받았던 여인이다. 수양대군의 큰아들인 도원군(의경 세자, 훗날 덕종으로 추증됨)과 혼인하여 군부인에 봉작되었으며, 시아버지 수양대군이 왕위로 즉위하여 자신은 맏며느리로서 세자빈이 되어 궁궐에 들어갔다. 그러나 세자빈에 책봉된 지 2년 만에 남편 의경 세자가 20세의 나이로 갑자기 죽어 사가로 물러났던 비운의 여인이었다. 하지만 정치적인 안목이 있었기에 당시 최고의 세도가였던 한명회의 여식을 자신의 둘째 아들인 자을산군(훗날 성종)과 혼인을 하게 한다. 결국, 한명회의 도움을 받아 자을산군이 왕위에 등극하고, 자신도 궁궐에 다시 들어가 곧 왕비로 진봉되었다가 왕대비에 올라 인수대비가 되었다고 한다. 그녀는 연산군의 할머니로도 유명하다. 며느리이자 연산군의 생모가 되는 윤씨가 왕비 시절 성종의 얼굴을 할퀴는 사건으로 내쫓기고 사사되는 데에는 거의 전적으로 인수대비의 의지로 단행되었다. 훗날 연산군은 생모인 폐비 윤씨를 제헌왕후로 추숭하는 과정에서 윤씨를 폐비하고 사사하는 데 개입한 수많은 사람을 죽이고 추방했다. 인수대비는 윤씨를 폐비하는 데 결정적인 당사자가 되므로 손자인 연산군과 갈등을 빚었다고 한다. 이러한 역사적 아픔을 드라마와 영화에서도 많이 다루어서 그 내용을 잘 알고 있었지만, 지금 참배하는 영절공의 묘가 바로 그 역사적 비극을 담고 있는 곳이라고 하니 마음 한켠이 허무함으로 채워지는 느낌이었다.

이곳 양절공묘는 풍수지리에서 명당 중 하나로 일컬어진다고 한다. 한북정맥(漢北正脈)의 중심 자리로서 현무봉에서 양옆으로 청룡과 백호가 벋고 그 가운데로 중심 맥이 내려오는 형세를 이룬다고 한다. 그래서 청주한씨 양절공파에는 한명숙, 한덕수, 한승수 등 유명한 정치 명가를 이루었다고 한다. 자세한 풍수지리를 모르는 사람이 보기에도 왼쪽으로는 한강 팔당댐으로 흐르는 물이 있고, 오른쪽에

는 북한강이 있는 지세가 좋아 보였다.

　양절공묘를 나와서 한강을 왼쪽으로 끼고 40분쯤 걷다 보니 저 멀리 남한강 위에 다리인 것처럼 보이는 팔당댐이 나왔다. 팔당댐 위에 설치해 놓은 다리인 듯한 조형물이 아름다웠다. 팔당댐 아래로는 물이 현저하게 줄어든 느낌이 들었다. 팔당댐을 지나서는 다시 자전거길을 따라 강변으로 걸었다. 경치가 참 아름다운 곳이 나왔는데 바로 팔당유원지라고 했다. 자전거로 다니는 사람들이 많아서 자전거 여행을 하고 싶다는 생각이 들었다. 팔당유원지를 지나 오른쪽으로 굴뚝처럼 생긴 둥근 건축물에 쌍용이라는 큰 글씨가 새겨진 것이 보였다. 지나가면서 입구가 보였는데 바로 이곳이 쌍용양회 시멘트 공장이었다. 그곳을 지나 조금 더 걸으니 예쁜 카페들이 강을 바라보면서 연이어 서 있었다. 남한강을 보면서 커피를 마신다면 사랑이 절로 무르익을 것 같았다. 카페가 있는 곳을 지나는데 저 멀리 팔당대교가 보였다. 팔당대교 밑으로 직진

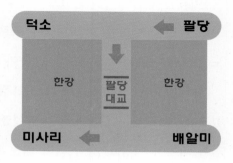

하지 않고 오른쪽 언덕으로 올라가 팔당대교를 건넜다.

팔당대교 위에서 바라본 한강의 모습은 남한강을 따라 걸었던 모습과는 또 다른 느낌이었다. 두물머리에서 시작된 한강을 가로지르는 첫 번째 다리인 팔당대교를 건너면서 느낌이 남달랐다. 지금까지는 남한강을 걷는 느낌이었지만, 이곳 팔당대교에 올라서면서부터는 진짜 한강을 걷는구나 하는 느낌이 와 닿았다. 검룡소에서 출발해서 드디어 한강에 다다른 느낌이 조금은 벅차게 와 닿았으며 종착지에 다 와 가는 듯해서 감개무량했다. 이곳 한강에 도달하기까지 길을 잃어서 헤매다가 결국은 길을 찾지 못하고 집으로 갔다가 다시 출발한 적도 있었고, 벼랑길을 걷다가 신변의 위협을 느낀 적도 있었으며, 식당이 없어서 배가 고픈데도 계속 걸어야만 했던 일도 있었다. 무엇보다 이 길을 정말 걸어야만 했나 하는 회의감이 들어서 그만두려고 했던 적도 있었던 일이 떠오르면서 만감이 교차했다. 하지만 가슴 가득 벅찬 느낌도 들었기에 계속 여기까지 걸어올 수 있었

다. 이제는 한강에 접어들었으니 길을 잃을 일도, 식당이 없어서 배고프게 걸을 일도 없고 막바지에 이르렀으니 그만둘까 망설이는 일도 없으리라는 생각에 안도의 한숨이 나왔다.

팔당대교를 건너서 오른쪽으로 강변으로 내려가니 자전거길도 있고, 도보로 걷는 길도 있어서 망설였다. 하지만 길을 잃어버릴까 걱정이 되어서 이정표가 잘 되어 있는 자전거길을 따라 걷기로 했다. 한강을 따라 걸으면 그냥 강변만 따라서 계속 걸을 거라고 생각했는

데, 의외로 시내와 개천들이 한강으로 흘러들어오고 있어서 어떤 경우에는 빙 돌아서 가는 경우도 종종 있었다. 팔당대교를 건너 강변으로 내려왔을 때도 신곡천이라는 시내가 있어서 신곡교를

건너야만 했다. 그리고 조금 더 가다 보니 덕풍천이라는 시내는 제법 물이 많이 흘러서 한참을 돌아서 덕풍교를 건너야만 했다. 그러면서 한강으로 흘러드는 시냇물이 정말 많았다는 것을 새삼 깨닫게되었다. 어쩌면 강원도와 충청도와 경기도의 크고 작은 시내가 모두

모여서 한강으로 흘러들어오는 것은 아닌가 하는 생각이 들었다. 결국, 강은 수많은 시내가 모여서 이루어진 것이고, 그 강들이 바다로 흘러들어온다는 보편적인 진리를 한강길을 걷다가 새삼 느끼게 되었다. 인생도 마찬가지라는 생각이 들었다. 한 시간 한 시간이 모여서 하루가 되고, 그 하루들이 모여서 한 달과 한 해가 되고, 그것이 모두 모여서 결국은 사람의 인생이라는 큰 강물이 된다는 것을 이 한강길 걷기를 하면서 알게 되었다. 그래서 정말 한 시간도 소홀하게 살아서는 안 되겠다는 것을 이곳 한강에 다다르면서 깨닫게 되었다.

생각했던 것보다 훨씬 큰 한강을 보며 이런저런 생각에 젖어 걷다 보니 지루함도 조금 덜했다. 덕풍교를 지나면서 자전거길 왼편에 미사리 조정카누경기장이 아름답게 펼쳐져 있었고 그 옆에는 미사리 경정공원이 잘 조성되어 있었다. 미사리 조정카누경기장은 그냥 한강과 붙어 있으리라 생각했는데, 한강과 동떨어져 조성되어 있다는 것이 신기했다. 미사리 조정카누경기장과 한강 사이에는 유명한 미사리 카페촌이 있었다. 미사리 카페촌을 지나자 서울춘천고속도로가 지나는 미사대교가 눈에 들어왔다. 미사대교를 지나면서 한강은 왼편으로 90도 꺾이며 흘렀다. 꺾이는 한강을 따라 30분쯤 걷자 또 큰 다리가 보이는데 강동대교라고 되어 있었다. 강원도에서 서울에 들어설 때면 동서울터미널로 들어오기 전에 강일JC 쪽으로 갈라져서 올림픽대로 쪽으로 오곤 했는데 바로 이곳이구나 싶었다. 이곳에 오면 서울에 다 들어왔구나 하는 생각이 들곤 했었다. 오늘도 마찬가지로 해가 지고 있는 서울에 드디어 도착했구나 하는 생각이 들었다. 강동대교 아래 하남 시계 0.7Km라는 표시를 보니 서울에 도착했다는 안도감이 드는 한편 오늘은 평소보다 많이 걸어서 피로가 몰려왔다. 서울에 어머님이 계시기에 오늘은 어머니께서 해주시는 밥을 먹으며 한강길을 걸었던 얘기를 들려 드리고 싶었다. 강동대교 둑을 내려서니 마을버스 2번 종착점이 있었다. 그 버스를 타고 상일역으로 가서 전철을 타고 그리운 어머니 집으로 향했다.

🖊 드디어 한강길을 걷다

어머니 집에서 하룻밤을 묵고 다음 날 아침에 어머니께서 해주시는 따뜻한 밥을 먹고 새벽에 나와서 7시에 상일역에 도착했다. 마을버스 2번을 타고 강동대교로 가는 마을버스를 기다리던 중에 뜻하지 않는 일이 생겼다. 초등학교부터 태백중학교를 거쳐 태백공고 전기과까지 12년을 함께 학교에 다녔던 죽마고우인 김창열이라는 친구가 출근하려고 상일역으로 걸어오고 있었다. 너무나 반가운 마음에 달려가 이름을 부르면서 얼싸안았다. 그 넓은 서울에서 그 이른 시

구리암사대교 전경 ▲

간에 죽마고우를 만난다는 것이 상상이나 할 수 있을 법한 일이겠는
가? 하지만 그런 우연을 서울에서 한강을 걷는 첫 아침에 만났다. 출
근 시간에 쫓기는 친구를 오래 붙잡고 있을 수가 없어서 전화로 아
쉬운 얘기를 하자고 하고는 헤어졌다. 보고 싶었던 친구를 만나고 돌
아서면서 이번 한강길의 마무리가 참 좋을 것 같다는 예감이 들었
다. 그리고는 2번 버스를 타고 강동대교 바로 밑에 내려서 어제 걸었
던 그 길에서부터 다시 걷기로 했다. 강동대교를 지나 30분쯤 가니
구리암사대교가 나왔고, 그곳을 지나자 서울 암사동 유적지 안내판
이 보였다. 1925년 한강 대홍

수로 유물포함층이 드러나고
서울 암사동 유적지가 널리
알려지면서, 일본인 학자들이
수많은 토기와 석기를 채집
해 가지고 갔다고 한다. 또 하
나의 아픈 역사 현장인 것 같
았다. 하지만 한강이 신석기 시대부터 사람들이 거주할 정도로 좋은
곳이었다는 증거가 되는 곳이기도 해서 지금이라도 잘 보존되었으면
하는 바람을 가져보았다. 시간이 허락되면 그런 역사적 현장에도 둘
러보고 싶은 마음이 간절했지만, 시간이 부족해서 유적지는 들르지
않고 그냥 안내판만 읽고 지나쳤다. 암사동 유적지를 안내하고 있는

한강공원 광나루지구를 지나자 암사 둔치 생태공원이라는 곳이 나왔다. 이곳에서 한강 건너편을 바라보니 유명한 아차산이 보였다.

아차산에는 백제 시대에 건축된 아차산성이 있으며, 이 성은 현재 백제의 도성으로 많은 학자들이 추정하는 풍납토성과 마주 보고 있다고 한다. 특히, 아차산은 야트막한 산이지만 삼국시대의 전략요충지로, 특히 온달 장군의 전설이 전해져 온다고 하는데, 학문적 고증과는 상관없이 이 지역주민들은 온달 장군이 아차산에서 전사했다고 믿고 있다고 했다. 이를 증명이라도 하듯 아차산에는 '온달샘'이라 불리는 약수터와 온달이 가지고 놀았다는, 지름 3m의 거대한 공깃돌이 있다고 한다. 이런 안내문을 보면서 의아한 생각이 들었다. 한강길을 걸으면서 지나온 단양의 온달산성에도 온달 장군이 전사한 곳이라고 했는데, 어느 곳이 진짜인가 싶었다.

🖊️ 아차산

아차산에 관한 이야기는 더 재미있는 이야기가 있었다고도 한다. 옛날에 홍계관이라는 점쟁이가 점을 잘 본다는 소문이 있어서 명종이 불러서 시험해 보려고 할 때, 여기 상자에 무엇이 들어있는지 알아맞히라는 문제를 내었다. 홍계관은 잠시 생각하더니 쥐 다섯 마리가 들어있다고 얘기하자, 왕이 상자를 열어보았더니 거기에는 쥐가 한 마리 들어있었다. 그걸 본 왕은 사람을 속인 죄로 홍계관을 지금의 아차산에서 처형하라고 명령한 뒤, 한참 후에 무슨 생각이 들었는지 혹시나 하는 생각에 쥐의 배를 갈라보았다. 쥐 뱃속에는 새끼 4마리가 들어있었다. 그러자 왕은 '아차, 내가 잘못 알았구나.' 하고 후회를 하고 신하를 시켜서 처형을 중지하라고 했다. 신하는 말을 타고 산으로 가서 처형하지 말라는 뜻으로 손을 흔들었다. 하지만 그걸 본 처형수는 빨리 처형하라는 소리인 줄 알고는 처형해 버려 "아차!" 했다는 이야기에서 아차산이 유래되었다는 이야기가 전하고 있다고 한다. 그러나 자료를 조사해 보니 아차산의 이름은 홍계관이 있기 전에 이미 있었다고 하는 것으로 보아 후대에 홍계관의 이야기를 삽입한 경우라고 한다.

아차산 전설을 뒤로하고 다시 길을 재촉하니 한강 드론공원이 나왔다. 그곳에는 많은 사람이 드론을 띄우고 있어서 신기하게 바라보았다. 우리나라의 전자기술이 점점 발전하고 있으며, 대중화되고 있다는 것을 직접 눈으로 확인하는 순간이었다. 드론공원을 지나자 바로 광나루 자전거공원이 있었고, 그곳을 지나자 광진교와 천호대교가 나란히 서 있었다. 천호대교를 지나 30분쯤 걸으니 한강에서 가장 아름다운 올림픽대교가 나타났다. 올림픽대교는 오륜대교라고도 불리는데, 1985년에 착공하여 1990년에 준공되어 88올림픽 기간에 조성된 다리여서 올림픽대교라고 한다. 교량 중앙에 있는 4개의 주탑은 서울 올림픽을 기념하는 의미에서 88m의 높이로 지어졌고, 다리의 폭은 30m, 길이는 1,470m로 대한민국 최초의 사장교라고 한다. 특히, 밤에 보는 다리의 모습이 매우 인상적이라고 해서 그 모습을 보려고 아버님 제사 때 서울에 와서 본 적이 있다. 한강의 야경은 참 아름답다. 특히, 올림픽대교의 야경은 잊을 수 없을 정도로 아름다웠다. 한강길을 걸으며 잠깐씩 본 한강의 야경은 정말 볼만했다.

올림픽대교를 지나자 왼쪽에는 태백사람들이 아플 때 서울에서 가장 많이 찾는다는 아산병원이 보였다. 아산병원 너머에는 롯데타워빌딩이 그 웅장한 자태를 뽐내고 있었다. 야간에는 올림픽대교와 롯데타워빌딩의 불빛이 함께 어우러져서 서울의 야경이 더욱 빛난다.

🖊 한강 다리 31개

여기에서 한강의 다리가 몇 개인지 궁금해졌다. 몇 개의 다리를 지나야 마지막 종착점에 도달하는 것인지 갑자기 궁금해졌다. 그래서 한강을 걸으면서 안내센터를 찾아보았더니 안내센터에서 알려준 한강 다리는 31개라고 했다. 대교 27개와 철교 4개 포함한 수량이라고 하는데, 여기에는 약간의 문제점도 있기는 했다. 반포대교 아래를 지나는 잠수교도 포함하느냐는 문제도 있었고, 팔당대교는 하남시 소재라서 한강의 다리냐 하는 문제가 있었다. 하지만 잠수교도 다리이기에 포함해야 할 것 같았고, 팔당대교는 서울 소재를 떠나서 남한강과 북한강이 합수를 한 두물머리 지나서 첫 번째 다리이기 때문에 한강 다리에 포함해야 한다는 생각이 들었다. 그래서 정확하게 31개가 맞다는 생각이 들었다. 올림픽대교까지 6개의 다리를 지났으니 앞으로 만나야 하는 다리는 아직도 25개가 남았다고 생각하니 아득하기만 했다.

한강을 걸으면서 느끼는 것 중의 하나는 한강 변에 조성된 자전

한강다리 총 31개 (대교:27, 철교:4)

위치순 가나다순

1 일산대교	8 양화대교	15 한강대교	22 명동대교	29 강동대교
2 김포대교	9 당산철교	16 동작대교	23 청담대교	30 미사대교
3 신행주대교	10 서강대교	17 반포대교	24 잠실대교	31 팔당대교
4 방화대교	11 마포대교	18 잠수교	25 잠실철교	
5 마곡철교	12 원효대교	19 한남대교	26 올림픽대교	
6 가양대교	13 한강철교	20 동호대교	27 천호대교	
7 성산대교	14 노량대교	21 성수대교	28 광진교	

2016년 5월 기준 ▲

거길과 산책길과 공원은 아마도 세계 어디에 내놓아도 손색이 없을 것 같았다. 곳곳에 화장실과 안내센터가 조성되어 있고, 가는 곳마다 한강에 대한 각종 정보가 전시되어 있어서 누구나 손쉽게 한강에 대해서 알아볼 수가 있게 되어 있었다. 더욱이 누구나 자연환경과 공원을 누릴 수 있게 되어 있다는 것이 경이로웠다. 특히 다리 아래에는 쉼터를 만들어두어서 누구든 지나가다가 쉴 수도 있고, 간단하게 식사를 할 수 있게 해 두었다는 것이 참 좋았다. 그러면서도 쓰레기도 없었고, 음식을 파는 포장마차라든가 너저분하게 장사를 하는 노점상들도 없어서 냄새도 없고 깨끗한 것이 정말 마음에 들었다.

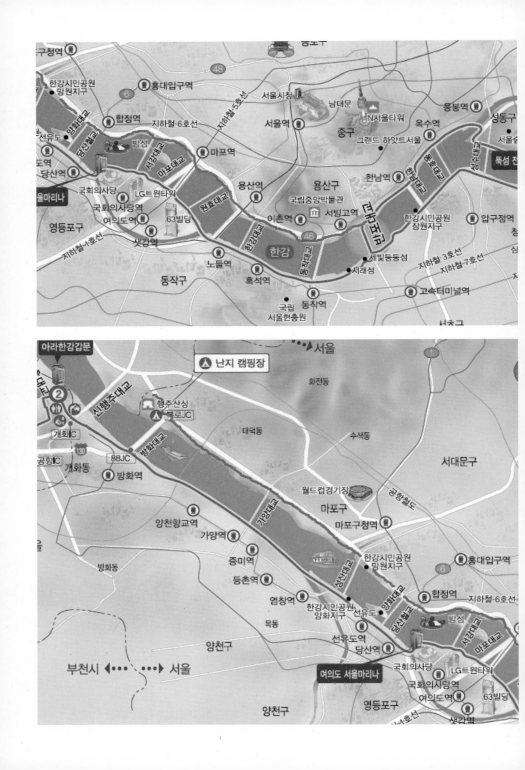

게다가 물이나 간단한 음료수는 언제든 살 수 있도록 GS 몇 호점이라고 되어 있는 지정된 상점도 잘 조성되어서 외국인들이 놀란다고 한다. 이 큰 도시에서 누구나가 편리하게 운동도 하고 산책도 하면서 한강을 즐길 수 있도록 했다는 것이 부럽기도 했다. 어마어마한 강폭과 유유히 흐를 수 있게 잘 가꾸어놓은 한강을 보면서 걷노라니 역시 '한강의 기적'이라는 말이 실감이 났다.

2호선 지하철이 지난다는 잠실철교와 잠실대교를 지나서 배가 고파서 점심을 먹기로 했다. 왼쪽의 터널로 빠져나가서 시내에서 짜장면을 먹고는 다시 한강으로 돌아와 걷기 시작했다. 잠실대교를 지나자 잠실 한강공원은 정말 멋지게 조성되어 있는 모습을 보여주었다. 수영장, 트랙구장, 주차장도 잘 조성되어 있었고, 잠실선착장에서는 한강유람선도 탈 수 있었다. 선착장 옆에는 수상관광 콜택시 잠실승강장도 있었다. 수상관광 콜택시를 타고 한강을 볼 수 있다는 것이 정말 놀랍고 대단하다는 생각을 했다. 잠실 한강공원을 지나서 조금 더 가자 왼편에는 잠실대운동장과 잠실야구장, 잠실체육관이 보였다. 그리고 조금 더 가자 탄천이라는 제법 큰 하천이 나왔다. 탄천을 가로지르는 청담1교를 건너자 바로 청담대교가 보였다. 청담대교를 지나 곧 이어진 영동대교를 지나자 한참 동안 한강에는 다리가 보이지 않았다.

　40분쯤 걷자 엄청난 사고의 현장이었던 성수대교가 나왔다. 1977년에 건립되었던 성수대교는 1994년 10월 대교의 상부트러스가 48m나 붕괴되는 엄청난 사고가 있었다. 성수대교 붕괴사건은 공권력을 이용하여 사익을 위해 추구하여 왔던 한국 사회 부정부패가 그 사건의 배경이었다. 건설사의 부실공사와 감리담당 공무원의 부실감사가 연결되어 만들어진 사건이며, 정부의 안전검사 미흡으로 일어난 사건이었다. 이 사건으로 출근하거나 등교하고 있던 시민 49명이 한강으로 추락하였고 그 가운데 32명이 사망하였다고 하니 그 안타까움을 어찌 잊을 수가 있겠는가? 다시는 그런 사고가 이 땅에 없기를 바라면서 죽은 영혼들을 위해 잠시 묵념을 하고 성수대교를 지났다. 성수대교를 지나면서 한강은 다시 왼쪽으로 90도 꺾이면서 흘렀다. 꺾이는 한강의 건너편에는 제법 큰 개천이 흘러들어오는 모습이 보였는데 중량천이라고 했다. 중량천과 만나는 한강의 폭은 정말 크고 넓어서 아름다운 풍광이 조성되어 있었다. 90도 꺾어서 돌아서자 서울지하철 3호선이 지나는 동호대교가 나타났고, 한강공원 잠원지구가 나타나면서 리버시티 수상스키장과 크루즈 378 선착장이 보였다. 이곳에서는 수상스키도 즐기고 크루즈를 타고 한강의 파티를 즐길 수 있다고 해서 언제 꼭 해보고 싶다는 생각을 했다. 이렇게 걸었던 길을 돌아보면서 크루즈를 타고 술 한잔 하면서 천천히 유람한다면 얼마나 좋을까?

🪝 한남대교와 세 빛섬

한강공원 잠원지구를 지나자 경부고속도로가 시작되는 한남대

세 빛섬의 야경 ▲

교가 나왔다. 한남대교를 지나자 잘 조성된 한강공원에 생태학습원과 청소년광장이 보태져 있었다. 정말 서울의 청소년들도 이곳에서는 맘껏 뛰놀 수 있겠구나 싶은 생각이 들어서 흐뭇했다. 한편, 잘 꾸며진 각종 운동구장을 보면서 이래서 모두가 강남에서 살고 싶다고 하는구나 하는 생각도 들었다. 조금 더 걷자 피크닉장이라는 곳

이 나왔는데 소풍을 온 사람들이 제법 있었다. 피크닉장 옆에는 달빛광장이 있었는데, 그 옆에 달빛 무지개 분수와 야외무대가 있었다. 그리고 한강 쪽으로 채빛섬, 솔빛섬, 예빛섬이라고 되어 있는 세 빛섬이 다리로 연결되어 있어서 밤에는 정말 아름다운 공연과 빛의 향연이 펼쳐지리라는 것을 예상할 수 있었다.

달빛광장을 지나서 조금 더 가니 반포시민공원이 나왔고, 시민공

동작대교의 모습 ▲

원을 지나자 제법 큰 섬이 나왔다. 서래섬이라고 했다. 서래섬은 건널 수 있는 다리가 3개나 있을 정도로 제법 큰 섬이었는데 주로 산책을 하는 곳으로 꾸며져 있었다. 서래섬에 도착하자 해가 지기 시작했다. 저 멀리 석양이 물들고 있는 서래섬에 불빛이 들어오기 시작하면서 한강의 야경도 시작되고 있었다. 하나둘 불이 켜지고 다리에 불빛이 나타나기 시작하는 한강의 모습은 낮과는 또 다른 모습이었다. 서래섬을 옆으로 보면서 걷다 보니 동작대교가 나왔다. 오늘은 태백 집으로 가야 했기에 더 걷기에는 무리가 있을 것 같아서 이곳 동작대교에서 하루를 마무리하기로 하고 동작역 쪽으로 나왔다. 동작대교 있는 곳에서 왼편으로 동작역 쪽으로 나오다 보니 길

건너편에 국립서울현충원이 보였다. 우리나라의 수많은 순국선열과 대통령들이 이곳에 묻혀 있다는 생각이 드니 숙연한 마음도 들었다. 동작역은 다른 지하철역보다 길고 복잡한 느낌이었다. 4호선 전철을 타고 동작대교를 건너는데, 창문 너머로 보이는 한강의 모습이 새로운 감회로 와 닿았다.

한강의 다리는 2016년 5월 당시에 한강 인증센터에서 공표한 자료에는 31개였다. 하지만 그해 6월에 구리암사대교가 개통되어 2018년 현재는 32개가 되었고, 2021년에 월드컵대교가 완공되면 33개가 된다.

민족의 아픔을 담고 있는 한강철교

다시 한강길을 마무리 짓기 위해 서울로 올라오면서 이틀 동안 부지런히 걷는다면 서해갑문까지 가능할 것 같다는 생각에 마음이 무척 설레었다. 참 긴 여정이었지만 이제 마무리를 할 수 있다는 생각에 감회가 남달랐다. 청량리역에서 경의중앙선을 타고 이촌역에서 내려서 4호선으로 갈아타고 동작역까지 와서 동작대교를 향했다. 아침에 보는 동작역 부근의 모습은 참 인상적이었다. 현충원이 있어서 그런지 잘 정리되어 있어 보기가 좋았다. 다시 동작대교 밑으로 가서 반포천 위에 놓인 반포교를 건너서 40여 분쯤 가자 웅장한 한강대교가 그 모습을 드러냈다. 한강대교는 한강 가운데 있는 노들섬과 연결하여 지나는 철교 형태의 다리였다. 노들섬이라는 큰 섬과 연결되어 있어서 다리가 더 웅장해 보였다. 한강대교를 지나자 서울지하철 1호선이 지나는 한강철교가 눈에 들어왔다. 6 25 당시 남침을 해온 북한군을 피해 한강을 건너려던 수많은 피난민들이 한강철교가 폭파당하는 바람에 죽었다는 이야기를 익히 들어 알고 있던 터라 한강철교를 보자 민족의 비극이 새삼 가슴을 후비는 느낌이었다.

원래 한양 땅은 한강의 북쪽을 일컫는 말이었다. 풍수지리에서 물의 북쪽은 양(陽)이라고 했기에, 한수지북(漢水之北)이라는 말이 한양(漢陽)이 된 것이다. 그래서 원래 한양 땅인 강북에 경복궁과 종로가 있어서 양반들이 주로 살았던 것이다. 실제로 남대문, 동대문 등 성문이 강북에 있는 것을 보면 그곳이 중심이었음을 알 수 있다. 한강 이남은 예전에 배를 타고 건너야 했기 때문에 주로 서민들이나 상민들이 농사를 지었던 곳이었다고 하고, 간혹 양반들이 정자를 지어서 즐기기 위해 있었던 곳이었다고 한다. 그런데 6 25 전쟁이 나자 피난민들이 다리가 폭파되는 바람에 한강을 건널 수가 없어서 피난을 가지 못하고 서울에 남게 되어 북한군에게 시달림을 받거나 북으로 끌려간 사람들이 부지기수였다고 한다. 그래서 그 후에 부자들은 언제든 피난을 쉽게 가기 위해서 강남에 살게 되었다고 한다. 그러다 보니 현재는 강남이 서울의 주축이 되어 발전을 거듭하고 있다고 하니 쓸쓸한 역사의 아픔이 전해지는 느낌이었다.

🖊 여의도와 철새 도래지 밤섬

한강철교를 지나자 금빛 찬란한 63빌딩이 아침 햇살을 눈부시게 반사하며 웅장한 모습으로 반겨주었다. 63빌딩이 보이는 여의도로 들어서는 길목에서 참 많은 생각이 교차했다. 여의도는 옛 이름이 '너섬'이었다고 하는데 넓다는 뜻에서 유래되었다고 한다. 조선 시대에는 왕실의 가축을 키우던 곳이었고, 모래로 이루어져 있는 척박한 땅이어서 농사를 짓지는 않았다고 한다. 여의도가 홍수로 범람하면 농사 지은 것을 다 잃을 수 있었기에 가축만 키우고 농사를 짓지 않았다는 것으로 이해되기도 했다. 여의도로 들어가는 한강 변에는 꽃 양귀비를 심어놓아서 지나는 객의 마음을 사로잡았다. 붉은

양귀비와 분홍 양귀비가 넓게 펼쳐진 것이 인상적이었다.

이곳 여의도는 일제강점기에는 비행장으로 조성되어 한때는 비행장으로 유명했다. 1968년에 수해를 방지하기 위해 여의도 앞에 있는 밤섬의 돌을 깨서 윤중제라는 제방을 쌓은 후에, 현 국회의사당이 있는 곳에 있던 양말산을 허물어 지금처럼 평지로 만들어 육지화했다고 한다. 1975년에 국회의사당이 들어서면서 여의도는 우리나라 정치 1번지로 떠오르게 된다. 그 후 금융권이 형성되어 지금은 우리나라의 가장 중심지로 변했다고 한다. 여의도 벚꽃축제와 세계불꽃축제 등의 큼직한 축제가 개최될 때면 백만 명의 인파가 모이는 관광의 명소이다. 지금도 지하철 9호선이 지옥철로 불릴 정도로 수많은 사람들이 오가는 곳으로 유명하다. 여의도에는 세 개의 대교가 연결되어 있는데 원효대교, 마포대교, 서강대교였다. 여의도 맞은편은 마포로서, 조선 시대에는 최고의 나루터로서 유명한 곳이었다. 그러고 보면 여의도는 역사의 수많은 이야기를 간직하고 있는 곳이 아닐 수 없다는 생각이 들었다.

원효대교와 마포대교를 지나면서 국회의사당의 웅장한 모습을 보았는데 가까이서 보니 정말 그 위용이 대단하다는 생각이 들었다. 국회의사당이 보이는 여의도공원에서 바라보는 푸른 밤섬은 지금 남아 있는 한강의 섬 중에서 가장 큰 섬으로서 철새 도래지로 유명하다고 한다. 그래서 유독 여의도 국회에 철새가 그렇게도 많은가

싫어서 헛웃음이 나왔다. 소신
없이 이 당 저 당을 떠돌며 이
합집산(離合集散)하는 철새 정
치인들이 한강의 꿋꿋함을 조
금이나마 새기며 살기를 가만
히 기원해 보았다. 여의도공원
옆에 조성된 '너른 벌판'이라는 지명을 보면서 여의도의 옛 이름이 지
금도 남은 것 같아 뭉클했다. 밤섬을 가로지르는 서강대교를 지나 조
금 더 가니 여의도가 섬이었다는 증거를 짐작하게 하는 샛강이라는
여의 하류 지천이 나왔다. 샛강 옆에는 '서울 마리나 클럽앤요트'라는
컨벤션홀 겸 식당이 보였다. 이곳의 음식이 고급스럽고 좋다는 얘기
를 많이 들었기에 잠깐 올라가 보았다. 서울 마리나에 들어가서 한강
건너편을 바라보니 절두산 성지가 맞은편에 보였다.

절두산 순교성당과 황지성당의 역사적 의미

절두산 순교성지는 한강을 지나는 사람들에게 잊어서는 안 되는
역사적인 의미가 담긴 곳이다. 1866년 대원군에 의해 병인박해가 일
어났을 때 베르뇌 주교와 당시 승지였던 남종삼을 비롯한 수많은 순
교자들이 돌아가셨음을 기념하기 위해 100주년이 되던 해에 병인박
해 100주년 기념 성당을 두 곳에 건립했다. 그중 한 성당이 바로 절

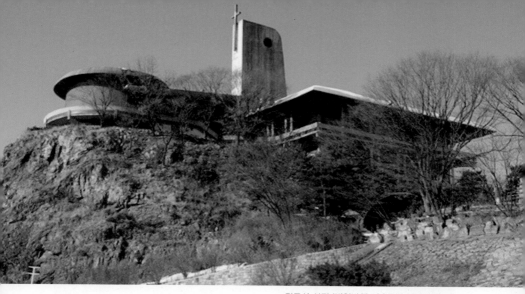

두산 순교성당이다. 그리고 다른 한 성당이 바로 한강 발원지인 태백의 황지성당이었다. 황지에서 걸어서 한강에 다다라 이곳 절두산 성지를 바라보는 내게는 정말 가슴 뭉클한 순간이 아닐 수 없었다. 1966년에 병인박해 100주년 기념 성당을 건립하면서 세운 두 곳의 성당이 한강으로 연결되어 있다는 것을 아는 사람들이 얼마나 될까? 한강은 병인박해의 순교자들이 흘린 피로 지금과 같은 한강의 기적을 이룬 것은 아니었을까? 지금은 병인박해 순교자 중 성인에 드신 분은 24위(位)이시지만, 더 많은 순교자들이 하느님을 증거하며 돌아가셨으리라 생각하니 가슴 한켠이 먹먹하게 울려왔다. 이곳 서울 마리나에서 다시 한 번 국회의사당의 녹색 지붕을 보면서 우리나라 정치가 저 순교자들의 피처럼 순결한 희생을 바탕으로 한강처럼 수려하게 흘러갔으면 하는 바람을 담아 보았다. 절두산 성지를 보

면서 순교자들의 거룩한 희생에 감사의 기도를 드렸다. 그리고 그런

역사적 의미를 담은 한강을 걷고 있다는 사실에 감사했다.

🖊 양화대교와 선유도

서울 마리나에서 나와 바로 옆에 있는 서울 해양교육원 왼편으로 샛강이 흐르고 있었다. 지금은 작은 개천처럼 흐르고 있었지만, 예전에는 여의도 섬을 감싸는 한강의 본류였다는 것이 신기했다. 샛강 다리를 지나서 10분쯤 걷자 서울지하철 2호선이 지나는 다리가 보이고 그 다리를 지나자 양화 한강공원이 나왔다. 양화 한강공원은 사람들이 많이 붐비는 곳이었다. 주차장에 차도 많았고 아이들도 많아서 왜 그렇게 붐비는가 하는 의문점이 들었다. 살펴보니 공원에 해양 스포츠훈련장도 있었고, 아이들이 놀 수 있는 놀이터도 있었다. 그래도 이렇게까지 붐빌 이유는 없는 것 같다는 의아함이 계속 들었다. 하지만 그 의아함과 의문점은 곧 풀렸다. 그곳을 지나자마자 양화대교가 나오고, 양화대교와 연결된 곳에 선유도라는 섬이 있었다. 그 섬으로 이어지는 다리가 있어서 그 다리를 건너자 그곳에는 정말 멋지게 꾸며놓은 선유도공원이라는 곳이 펼쳐져 있었다. 선유도공원에는 시간의 정원, 수생식물원, 바람의 언덕, 선유도 전망대, 초식동물 방목지 등 다양하게 즐길 수 있는 공간들이 잘 꾸며져 있어서 수많은 사람들이 이곳을 찾고 있었다. 그렇기에 양화 한강공원이 그렇게 붐볐던 것임을

알 수가 있었다. 선유도공원을 나와서 다시 한강 변을 따라 20분쯤 걸어가니 붉은색으로 단장한 예쁜 성산대교가 나왔다. 푸른 풀빛과

참 잘 어울리는 느낌이었다. 그 성산대교를 지나자 대규모 다리가 세워지고 있는 모습이 눈에 띄었다. 아직은 교각만 세워지고 있었지만, 2021년 완공 예정이라고 하는 월드컵대교라고 한다. 보기에도 거대한 다리가 될 것 같다는 생각이 들었다. 월드컵대교 건설현장을 지나자 바로 안양천이 제법 큰 물을 이루며 한강으로 흘러들어오고 있었다. 안양천 위로 놓인 염창교를 지나니 지금까지와는 다른 모습이 펼쳐졌다. 지금까지 걸어온 한강길은 공원처럼 조성된 넓은 곳이었지만, 이곳에서부터는 자전거길이 강과 거의 맞닿아 있었다. 강변에는 3단으로 된 쇠사슬 모양의 철책이 있었고, 그 철책 아래에는 많은 사

람이 낚시를 즐기고 있었
다. 저녁 무렵이어서 많은
사람이 낚시를 즐기는 모
습이 한가롭기도 했고, 여
유로워 보여서 보기가 참
좋았다. 왼편은 올림픽대
로가 둑 위에 있어서 이곳
은 공원은 없고 자전거길

▲ 월드컵대교 조감도

만 놓인 곳이었다. 한강을 바로 옆에 끼고 걷는 것도 또한 운치가 있
다는 생각이 들었다.

🖋 난초와 지초의 섬 난지도

자전거길에서 한강 건너편을 바라보니 난지도라고 불리던 난지천 하
늘공원이 한눈에 들어왔다. 1978년 이전에는 난초와 지초가 피어나는
아름다운 섬이어서 난지도(蘭芝島)라 불리었다고 한다. 조선 시대에는
꽃과 풀이 많아서 중초도라고도 불리고, 섬의 모습이 물에 떠 있는 오
리 모양이라고 해서 오리 압(鴨) 자를 써서 압도라고 하는 아름다운 섬
이었다고 한다. 그런데 문명이 발달하면서 1970년대부터 사람들이 이곳
에 쓰레기를 버리면서 쓰레기매립장이 되었었다. 지금은 완전히 생태공
원으로 새롭게 태어나서 난지천 하늘공원과 그 옆에 골프장이 참 아름

답게 만들어졌다. 가을에는 코스모스와 억새가 아름답게 피어서 서울의 새로운 명소가 되었다고 한다. 그 옆에 상암동 월드컵경기장도 보이고, 참 아름다운 모습으로 환골탈태한 난지도를 보면서 인간의 삶도 저렇지 않을까 생각했다. 쓰레기 같은 마음으로 살던 사람도 새롭게 회개를 하고 환골탈태를 한다면 새로운 사람으로 탄생하지 않을까 하는 생각을 했다. 모두가 저렇게 아름다운 모습으로 다시 태어나기를 바라는 마음을 안고 한강을 다시 걷기 시작했다.

난지도를 지나자 바로 가양대교가 나왔다. 이곳에서부터 강서지구라고 불린다고 하니, 한강도 이제 서울을 벗어나는 지점에 있구나 싶은 마음이 들었다. 가양대교를 지나면서부터는 자전거길만 놓여 있는 한강길이어서 옆에 들리거나 눈 돌릴 것도 없어서 빠르게 걸을 수가 있었다. 마곡대교를 지나 방화대교에 이르자 다시 한강공원의 모습이 넓게 펼쳐졌다. 방화동(傍花洞)이라는 명칭의 유래는 참 재미있었다. 이곳 김포에는 꽃이 피는 모습처럼 생긴 개화산이 있는데, 개화산 옆 동네라는 뜻에서 곁 방(傍) 자와 꽃 화(花) 자를 써서 방화동(개화산 옆 동네)이라고 한다고 했다. 김포국제공항이 있는 방화동은 서울의 서쪽 끝자락이었다. 방화대교에 이르자 해가 지기 시작했고 한강에 저녁놀이 물들고 있었다.

　한강에 놓인 대교들에도 조금씩 불빛이 켜지는 것을 보니 한강에도 낭만적인 밤이 오는가 싶은 생각이 들어서 밤이 오는 한강길을 걷는 것도 좋겠구나 하는 생각도 들었다. 하지만 새벽차로 서울에 올라와서 온종일 걸었더니 몸도 많이 지쳤기에 방화대교에서 하루를 접기로 하고 다시 어머니댁으로 향했다. 아마도 내일이면 인천까지 갈 수 있으리라는 희망을 가지고 오늘은 푹 쉬어야겠다는 생각을 했다. 지도를 보니 내일 일찍 출발해서 걷는다면 아마도 종착점까지 걸을 수 있지 않을까 싶은 생각도 들었다. 내일은 한강길 걷기를 마칠 수 있다는 생각이 들자 방화대교 옆에 있는 방화역에서 지하철을 타고 어머니댁으로 향하는 발걸음이 참 가벼웠다.

24^{일 차}
방화대교~인천 서해갑문

행주대첩과 행주산성

　어머니댁에서 편하게 하루를 쉬고 새벽 일찍 방화역으로 와서 다시 방화대교 밑에서부터 한강길을 걷기 시작했다. 오늘로 한강길 걷기를 마무리할 수 있다고 생각하니 시원섭섭한 기분도 들고 설레기도 했다. 한강이 새로운 모습으로 다가오는 기분도 들었다. 인천국제공항고속도로가 지나는 방화대교 아래 서서 한강 건너편을 바라보니 멀리서도 뚜렷하게 토성으로 되어 있는 행주산성이 보였고, 산 가운데 권율 장군 대첩비가 보였다.

1593년 행주산성에서 권율 장군이 거둔 행주대첩은 임진왜란 때 행주산성에서 권율이 지휘하는 조선군과 백성들이 일본군과 싸워 크게 이긴 전투를 일컫는다. 진주대첩, 한산도대첩과 함께 임진왜란 3대 대첩으로 불리며, 을지문덕 장군의 살수대첩, 강감찬 장군의 귀주대첩, 이순신 장군의 한산도대첩과 함께 한민족 4대첩의 하나로 불린다는 것으로 보아 엄청난 대첩이었던 것 같았다. 관군 3천 명과 의병 6천 명을 합쳐 고작 9천 명의 병력으로 3만 명이 넘는 왜적을 맞아 5천 명 이상의 왜구를 죽인 어마어마한 전과를 올린 싸움이었다고 한다.

결국, 이 전투의 승리로 인해 왜구는 한양에서 철수하게 되어 임진왜란의 향방을 가른 대첩으로 기록되어 있었다. 행주대첩 시에 성내의 아녀자들이 치마 위에 짧은 덧치마를 대어 적군들에게 던질 돌덩이를 운반한 것이 행주치마의 유래가 되었다는 이야기가 있으나, 이는 오류인 것 같았다. 이유는 여러 가지가 있는데, 행주산성은 규모가 작은 토성일 뿐만 아니라 산성이었기 때문에 산성 안에 민간인이 살고 있다고 보기 어렵다는 것과 또한 임진왜란 이전에도 행주치마라는 용어가 존재했다는 기록으로 보아 민간어원설로 만들어진 잘못된 이야기인 것 같았다. 경기도 고양시에 충장로라는 지명은 권율 장군의 시호인 충장공에서 따온 것으로 보아 권율 장군의 행주대첩은 우리 역사의 중요한 정점을 찍은 사건이 아닐 수 없었다. 이런 역사적 승리의 기운이 담긴 행주산성을 바라보니 한강길을 마무리하기 위해 길을 재촉하는 나그네에게도 힘이 생기는 것 같았다.

🖊 아라한강 갑문

방화대교를 지나자 강서습지 생태공원이 나왔다. 그 옆에 한강공원 강서지구라고 표시된 것으로 보아 서울의 서쪽으로 나가고 있는 것을 느낄 수 있었다. 다시 길을 재촉하자 오래지 않아 행주대교가 나왔고, 행주대교를 지나서 20분쯤 더 가자 아라한강 갑문이 나왔다. 수자원공사라는 큰 글씨가 쓰인 곳에서 철책으로 길이 막혀 있었다. 그리고 오른쪽에는 한강이 가로막고 있고, 앞에는 아라뱃길이 가로막혀 지나갈 수도 없었다. 그곳에서 어떻게 해야 하나 싶어서 갑문 옆에 있는 아라한강 갑문 인증센터에 가보았다. 인증센터라고 해서 건물이 있는가 싶었더

니 붉은색 공중전화부스 같
은 곳에서 도장을 찍어서 가
는 곳이었다. 자전거를 타고
와서 스스로 도장을 찍어서
가는 것이었다. 그곳에 자전거
를 세우고 도장을 찍는 분께
한강길 걷기에 대해서 물어보
았다. 그분의 말에 의하면 아
라한강 갑문을 지나서 김포대

교 쪽으로 가면 임진강 쪽으로 향하는 것은 맞지만, 군사분계선이 있어
서 일산이 마주 보이는 양촌읍에서부터는 강을 따라갈 수가 없다고 했
다. 더욱이 갑문을 지나서부터는 자전거길도 없다는 것이었다. 그리고 무
엇보다 양촌읍을 지나서는 남방한계선이 설치되어 있어서 군사도로 외
에는 정상적인 길도 없기 때문에 한강을 따라 걸을 수가 없다고 했다. 만
약에 그쪽으로 걷는다 해도 강을 따라 걷는 것이 아니라 육로로 빙 돌아
서 다시 인천 서해갑문으로 가야 하기 때문에 그 길로 가는 것은 의미가
없다고 했다. 그래서 오히려 이곳에서 아라한강 갑문을 지나서 서김포에
있는 양촌읍 쪽으로 가지 말고 경인아라뱃길을 따라가서 인천 서해갑문
으로 가는 것이 한강길 걷기를 제대로 마칠 수 있는 방법이라고 했다. 그
래서 그분의 조언을 듣고는 경인아라뱃길을 따라 걷기로 했다.

🖊️ 경인아라뱃길

　　경인 아라뱃길 또는 경인운하는 한강 하류의 행주대교에서 인천 광역시 서구 검암동과 시천동을 연결하는 운하이다. 이명박 정부의 중점 사업 중 하나로 2012년에 완성된 것이라고 한다. 사업 구간은 길이 18km, 폭 80m의 대수로로 구성되어 있으며, 2009년 1월부터 2011년 10월까지 2조 2,500억여 원을 들여 완공하고 2012년 5월에 개통식을 가졌다는 설명이 안내문에 적혀 있었다. 고려 시절 최충헌 의 아들 최이가 건설하려 했으나 실패했다는 것으로 보아 역사적으 로도 이 운하사업을 하려는 시도가 있었던 것 같았다. 하지만 당시 기술력의 부족으로 완성하기가 어려웠는데, 현대에 와서 3년 만에 이뤄낸 엄청난 뱃길이었다.

　　경인아라뱃길을 따라 나오는 자전거길도 조금은 복잡하게 엮이어 있었다. 일반도로와 만나게 되고 다시 갈라지는 것으로 되어서 복잡했다. 더욱이 어마어마하게 쌓인 컨테이너가 김포터미널 물류단지를 이루고 있었는데, 그곳이 가로막혀서 길을 빙 돌아가게 되어 있었다. 처음에는 조금 복잡했지만 오가는 자전거를 따라가자 경인아라뱃길을 따라 조성된 깨끗한 자전거길이 다시 나왔다. 목책으로 연결된 길을 따라 경인아라뱃길을 보면서 걷는 것도 참 좋았다. 1시간쯤 걷다 보니 수향 6경 두리 나루라는 곳이 나왔다. 명칭으로 보아 예전에도 이곳까지는 배가 오갔던 곳인가 싶었다. 두리 나루를 지나 조금 더 가자 아라 등대가 있었고, 그 옆으로는 굴포천이 아래 뱃길로 흘러들어오고 있었다. 굴포천1교를 건너서 굴포천 방수라는 곳을 건넜다. 방수라는 말로 보아 아마도 아라뱃길의 물 수위를 조절하기 위해 마련된 곳인 것 같았다. 굴포천이 흘러들어오는 곳에서 멀

지 않은 곳에 인천국제공항고속도로가 지나고 있었다. 굴포천을 건너자 경인아라뱃길 두리 생태공원이 넓게 펼쳐져 있었다. 갈대밭을 이룬 것으로 보아 한때는 이 굴지천과 만나서 홍수로 범람했던 곳인 것 같았다. 조금 지나자 머리 위로 굴현대교라는 곳이 보였고, 한참을 지루하다 싶을 정도로 걷다 보니 계양대교가 다시 머리 위를 지나가고 있었다. 그리고 다시 다남교라는 다리가 머리 위로 지나가고 30분쯤 걸으니 야생화 테라스라고 하는 곳에 이르렀다. 길 왼편 위쪽으로 언덕 위에 길이 나 있었고, 그 언덕 위에 야생화를 잘 조성해 놓아서 지나는 객들을 조금 쉬어가게 했다. 노란 꽃들이 잘 피어있는 언덕에서 내려다보는 경인아라뱃길의 모습은 한 폭의 그림 같았다. 잠시 꽃을 본 후에 다시 길을 나섰는데 한참 후에 목상교 다리 밑을 지나서 걷다 보니 매화 동산이라 적힌 언덕이 나왔다. 이른 봄이 아니어서 매화를 보지는 못했지만, 매화꽃이 핀 봄을 상상하면서 걸으니 조금은 덜 지루한 느낌이 들었다. 조금 더 가자 시천가람터라는 곳이 나오고 그 위로 시천교가 보였다. 시천 나루라는 말로 보아 이곳은 예전에 인천에서 배가 드나들었던 곳이었던 것 같았다. 아마도 경인운하가 만들어지기 이전에도 굴포천에서 흘러오는 물과 귤현천에서 흘러오는 물이 인천으로 흘러가면서 이곳에도 배가 드나들었던 것 같다는 증거가 곳곳에 있었다.

🖊 바람 소리 언덕과 경인항

점심시간이 아직 되지는 않았지만 시천교 옆에 검암역이 있다는 안내문을 보면서 이곳에서 점심을 먹어야겠다는 생각이 들었다. 길 왼편 터널을 지나서 검암역 쪽으로 나가서 검암역 앞에서 칼국수를 먹고 다시 시천교 밑으로 들어왔다. 시천교를 지나서 조금 더 가자 경인아라뱃길 검암공원이 나왔다. 공원 밑에는 정서진 119 수난 구조대에서 사용하는 보트들이 놓여 있었다. 그곳을 지나서 30분쯤 걸으니 백석대교라는 큰 다리가 머리 위로 지나가고 있었다. 이곳의 다리들은 한강의 다리처럼 머리 위로 바로 지나가는 것이 아니라 공중에 떠 있는 것처럼 다리가 지나가고 있었다. 백석대교를 지나서 40분쯤 걷자 이름도 예쁜 바람 소리 언덕이라는 곳이 있었다. 바람이 불지 않아서 바람 소리를 듣지는 못했지만, 이름이 참 예쁘다는 생각이 들었다. 목적지가 얼마 남지 않았다는 생각이 들었다. 오늘 중으로 일찍 도착해서 태백으로 다시 돌아가야 했기에 조금은 서둘렀다. 한 시간 쯤 걷자 북청라대교와 청운교가 나란히 머리 위를 지나고 바로 호수처럼 넓게 펼쳐지는 곳이 나왔다. 이곳이 자전거길이 끝나는 곳인가 싶었다. 저 멀리 한강길의 마지막 목적지인 인천 서해갑문이 보였다. 이곳은 경인항이라고 하는데 큰 배들도 여러 척 정박해 있었다.

🖊 인천 정서진 서해갑문에서 서해를 만나다

옆에 있는 자전거 타는 분에게 물어보았더니 인천 서해갑문까지는 자전거길이 있다고 했다. 이제 목적지까지는 한 시간 이내에 도착

▲ 경인아라뱃길의 마지막 다리 북청라대교와 청운교

한다 싶으니 마음이 설레었다. 서둘러서 물류창고 옆을 돌아서 걸었더니 30분이 채 되지 않아서 해넘이 전망대라는 곳이 나왔다. 전망대 바로 아래 경인아라뱃길 아라빛섬이라는 곳이 만들어져 있었다. 습지 같은 곳에 작은 섬이 나무다리로 연결되어 있었는데, 나무다리를 건너서 간 아라빛섬에도 해넘이 전망대가 있었다. 아마도 이곳에서 해넘이를 보면 일몰의 광경이 멋지게 펼쳐지지 않을까 싶었다. 다시 다른 편 나무다리를 건너서 아라 인천여객터미널을 바라보며 정서진 광장으로 향했다. 정서진 광장에는 하얀색의

큰 터널인지, 동굴인지 모를 기념탑이 만들어져 있었다. 그 터널 형태의 탑 아래 사람들이 쉬고 있는 모습이 참 인상적이었다. 그곳에서 오른쪽으로 조금 더 가니 서해를 볼 수 있는 전망대가 나왔고, 전망대에서 바라보는 서해는 색다른 모습이었다. 전망대 옆에는 운하교가 있었는데 운하교 밑으로 서해갑문에서 흘러나오는 물이 인상적이었다. 서해 갯벌과 저 바다 너머에 있는 세어도와 대다물도가 보였다. 이곳이 한강이 끝나는 지점이라 생각하니 눈물이 나올 것 같았다. 그동안 여기 도착하기까지 24일이 넘는 날들을 꼬박 걸었다.

하지만 직장을 다니는 관계로 2년여에 걸쳐서 답파했다. 태백 검룡소에서 출발해서 인천 서해갑문까지 뱃길로는 514Km이지만, 걸어서는 그것보다는 훨씬 더 길고 먼 길이었다고 생각된다. 나는 처음부터 끝까지 건너뜀이 없이 걸으면서 산도 타고, 강을 건너서 빙 둘러서 가기도 하고, 바로 옆으로 걷기도 하면서 정말 엄청난 거리를 걸었다. 하지만 그 길을 답파했다는 기쁨에 인천 서해갑문 옆에서 한강 물이 빠져나가는 것을 보면서 기쁨의 환성을 크게 질렀다.

한강, 1,300리 길을 걷다.

에^{필로그}

🪶 한강길 걷기 대장정의 마무리

검룡소에서 출발하여 인천 정서진의 서해갑문까지 닿을 때까지 24일로 정리를 했지만, 실상 걸은 날짜는 그것보다 많았다. 시행착오가 있어서 다시 걸어야만 했던 길도 있었고, 중간에 길을 찾지 못해서 되돌아간 적도 있었다. 책으로 정리하면서 24일로 만들었다. 하지만 직장을 다니면서 걸어야만 했고, 친구들과 약속했던 해파랑길도 걷다 보니 한강길을 답파하는 데 걸린 시간은 2년쯤 걸렸다. 2014년 11월에 시작해서 2016년 5월 26일에 도착을 했으니 정말 길고 긴 시간이었다. 위험천만한 길도 있었고, '내가 왜 이 길을 이렇게 걸어야만 하지?' 하면서 망설였던 시간도 있었다. 하지만 그 모든 것을 이겨내고 끝까지 완주했다는 사실에 정말 감사하고, 또 감사하고 싶은 마음뿐이다. 다음에 또다시 다른 길을 걸을지는 모르지만, 인천 정서진의 서해갑문에 도착했던 날은 내 인생에서 가장 의미 있었던 순간이었음을 감히 말하고 싶다.

태백준령의 작은 샘에서 솟아나 졸졸 흐르던 물줄기가 여기저기 힘을 합쳐 강을 이루어 산을 휘몰아쳐 산을 깎아내린다. 그러다 거대

한 바위가 가로막고 있으면 밀쳐내기도 하고, 때로는 비켜나가면서 급
기야 남한강과 북한강이 합쳐 장대한 한강이 되었다. 1,300리의 황폐
하고 메마른 대지를 동서로 가로질러 모든 자연의 생명을 살아 숨 쉬
게 적셔주며 유유히 흘러 엄마의 품과 같은 서해바다로 가는 한강을
바라보며 뿌듯함에 정말 하해(河海)와 같은 고마움을 느낀다.

한강길을 걸은 것은 내 삶의 의미를 새겨보고 싶었기에 시작한
일이었다. 스스로에게 무엇인가 의미 있는 일을 하면서 나 자신을 돌
아보고 싶었다. 걸으면서 삶을 돌아보고 정리해보고 싶었다. 열심히
살아온 나 자신을 위로해 주면서 칭찬해 주고 싶었다. 내세울 것 없
는 나 스스로 자부심을 느끼고 싶었는지도 모른다. 하지만 한강길을

답파하고 느낀 감정은 감사하다는 것이었다. 지금까지 살아온 삶에 대해서 그냥 감사하고 싶었다. 내 부모님과 형제들에게 감사했고, 내 아내와 내 딸에게 감사했고, 내 인생에 함께하는 친구들과 지인들에게 감사했다. 무엇보다 수많은 순교자들의 피로 얼룩진 성지를 보면서 하느님과 한국의 순교자들에게 진심으로 감사했다.

❝ 이것이 끝이 아니라 새로운 시작이 되리라 믿는다. ❞